# 정보통신공사 착공 전 설계도 확인 및 사용 전 검사 기준 해설

과학기술정보통신부
국립전파연구원

# 발 간 사

현대사회는 날로 정보통신기술이 발전하고 있습니다. 건축물은 기가급 속도를 제공하는 초고속 정보통신설비와 지능형 홈네트워크 설비 등 다양한 첨단 기술과 접목되어 점차 건축과 통신이 융합되고 있는 추세입니다. 정보통신 공사란 이러한 정보통신설비의 설치 및 유지보수 등에 관한 공사를 의미합니다.

통신망 이용질서를 확립하고 이용자가 고품질의 통신 서비스를 제공받을 수 있도록 하기 위하여 국립전파연구원은 관련 기술기준을 마련하고 지자체 공무원 등 관계자 분들이 일선에서 착공 전 설계도 확인 및 사용 전 검사 업무에 활용하도록 해설서를 배포하고 있습니다.

건축물의 배관시설 등 구내설비는 한번 구축되면 건물의 수명이 다할 때까지 반영구적으로 사용해야 하는 주요 기반시설이기 때문에 기술기준에 따라 올바르게 설계·시공 되었음을 확인하는 착공 전 설계도 확인 및 사용 전 검사는 매우 중요한 제도라고 할 수 있겠습니다.

이에 시공 현장에서 통일되고 정확한 기술기준을 적용할 수 있도록 본 해설서를 재발간 하게 되었습니다.

그간의 관련 규정 개정사항과 빈번이 접수되는 민원 질의 사례를 반영하였으며, 실제 검사방법 및 점검항목을 수록하여 실무 경험이 부족한 분도 쉽게 업무에 활용할 수 있도록 하였습니다.

본 해설서가 정보통신공사 현장에서 맡은바 임무에 힘쓰시는 여러 분야의 관계자 분들에게 많은 도움이 되기를 바랍니다.

2018년 12월

과학기술정보통신부 국립전파연구원장 전 영 만

# 목차
CONTENTS

정보통신공사 착공 전 설계도 확인 및 사용 전 검사 기준 해설

### 제 1 장  개요
Ⅰ. 방송통신설비 기술기준 관련 법령 체계 ·················································· 3
Ⅱ. 정보통신공사 관계 법규 현황 ······································································ 5
Ⅲ. 정보통신공사 착공 전 설계도 확인 및 사용 전 검사 개요 ·················· 9

### 제 2 장  착공 전 설계도 확인 및 사용 전 검사 기술기준 해설 및 질의답변
Ⅰ. 용어의 정의 ·································································································· 19
Ⅱ. 방송통신설비의 기술기준에 관한 규정 ···················································· 25
Ⅲ. 접지설비·구내통신설비·선로설비 및 통신공동구등에 대한 기술기준 ·········· 63
Ⅳ. 방송 공동수신설비의 설치기준에 관한 고시 ········································ 161

[붙임 1] 표준 상호협의결과서 양식 ································································ 211
[붙임 2] 사용 전 검사 기준 및 검사 방법 ···················································· 213
[붙임 3] 정보통신공사 착공 전 설계도 확인 점검 항목 (예시) ················ 225
[붙임 4] 정보통신공사 사용 전 검사 점검 항목 (예시) ······························ 243

## 정보통신공사
### 착공 전 설계도 확인 및 사용 전 검사 기준 해설

# 법제별 기준조항 색인

## [방송통신설비의 기술기준에 관한 규정]

### 1. 일반적 조건 ······ 25
- 분계점 (제4조) ······ 25
- 분계점에서의 접속기준 등 (제5조) ······ 28
- 보호기 및 접지 (제7조) ······ 29

### 2. 이용자방송통신설비 ······ 30
- 구내통신선로설비의 설치대상 등 (제17조) ······ 30
- 구내용 이동통신설비의 설치대상 및 장소 (제17조의2 및 제17조의3) ······ 33
- 설치방법 (제18조) ······ 43
- 구내통신실의 면적확보 (제19조) ······ 45
- 회선 수 (제20조) ······ 59

## [접지설비·구내통신설비·선로설비 및 통신공동구등에 대한 기술기준]

### 1. 보호기성능 및 접지설비 설치방법 ······ 63
- 접지저항 등 (제5조) ······ 63

### 2. 선로설비 설치방법 ······ 70
- 옥내통신선 이격거리 (제23조) ······ 70

### 3. 구내통신설비 설치방법 ······ 75
- 국선의 인입 (제26조) ······ 75
- 국선의 인입배관 (제27조) ······ 88
- 구내배관 등 (제28조) ······ 94
- 국선수용 및 국선단자함 등 (제29조) ······ 104
- 중간단자함 및 세대단자함 등 (제30조) ······ 115

# 목 차

　회선종단장치 (제31조) ·············································································· 123
　구내통신선의 배선 (제32조) ······································································ 127
　구내배선 요건 (제33조) ············································································ 131
　폐쇄회로텔레비전장치의 설치 (제33조의1) ················································· 141
　예비전원 설치 (제34조) ············································································ 142

## 4. 구내용 이동통신설비 ········································································· 144
　급전선의 인입 배관 등 (제35조) ································································ 144
　접속함 (제36조) ······················································································ 153
　접지시설 (제37조) ··················································································· 154
　상용전원 (제38조) ··················································································· 155
　장소확보 등 (제39조) ··············································································· 157

## [방송 공동수신설비의 설치기준에 관한 고시]

## 1. 총칙 ···································································································· 161
　목적 (제1조) ···························································································· 161
　정의 (제2조) ···························································································· 166
　방송 공동수신설비의 설치 등 (제3조의2) ·················································· 169
　안전조건 등 (제4조) ················································································· 177
　구내배관 등 (제7조) ················································································· 181
　구내배선 (제7조의2) ················································································ 184

## 2. 방송 공동수신 안테나 시설 ······························································· 189
　설계 전 전파조사 (제8조) ········································································· 189
　사용설비 및 기술기준 (제11조) ································································· 191
　수신안테나의 설치방법 (제13조) ······························································· 195
　중계용 무선기기 특성 [별표 2] ································································· 198
　기타 사항 ································································································ 200

# 제 1 장

국립전파연구원

정보통신공사 착공 전 설계도 확인 및 사용 전 검사 기준 해설

# 개요

I. 방송통신설비 기술기준 관련 법령 체계

II. 정보통신공사 관계 법규 현황

III. 정보통신공사 착공 전 설계도 확인 및 사용 전 검사 개요

# 제1장 개요

## I. 방송통신설비 기술기준 관련 법령 체계

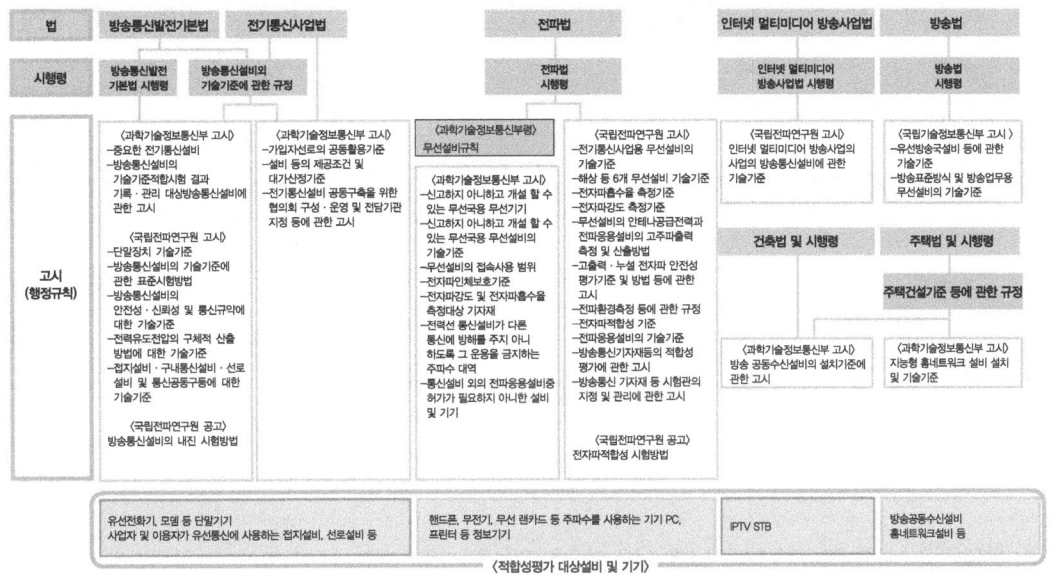

■ **방송통신발전 기본법** [시행 2018.8.22.] [법률 제15370호, 2018.2.21.]

- 방송과 통신의 융합 환경에 대응하여 방송통신의 공익성·공공성을 보장하고, 공공복리의 증진과 방송통신발전을 위하여 방송통신의 진흥 및 기술기준·재난관리 등에 관한 사항을 규정

■ **전기통신사업법** [시행 2018.3.15.] [법률 제14576호, 2017.3.14.]

- 전기통신사업의 적절한 운용과 효율적 관리를 통해 전기통신사업의 건전한 발전과 이용자의 편의를 도모함으로써 공공복리의 증진에 이바지하기 위함
- 각종 재난 상황에서 국민 안전을 보장하고 효과적인 재난 관리를 위하여 구내통신선로설비와 함께 대규모 건축물 등에 구내용 이동통신설비의 설치를 의무화 함

■ **전파법** [시행 2018.3.22.] [법률 제15373호, 2018.2.21.]

- 전파의 이용 및 전파 관련 기술의 개발을 촉진하고 해당 분야의 진흥과 공공복리의 증진을 위하여 효율적이고 안전한 전파의 이용과 관리에 관한 사항 규정

■ **인터넷 멀티미디어 방송사업법** [시행 2017.7.26.] [법률 제14839호, 2017.7.26.]

- 방송과 통신의 융합 환경에서 인터넷 멀티미디어를 이용한 방송사업의 효율적인 운영과 이용자의 권익보호, 관련 기술 및 산업의 발전, 방송의 공익성 보호 및 국민문화의 향상을 기하고 국가경제의 발전과 공공복리의 증진을 위한 규정

■ **방송법** [시행 2018.9.14.] [법률 제15468호, 2018.3.13.]

- 방송의 자율성과 독립성을 보장하고 방송의 공적인 책임을 높여 시청자의 권익을 보호하고 민주적인 여론형성 및 국민 문화의 향상을 도모하며 방송의 발전과 공공복리의 증진을 위한 규정

제1장 개요

## 2 정보통신공사 관계 법규 현황

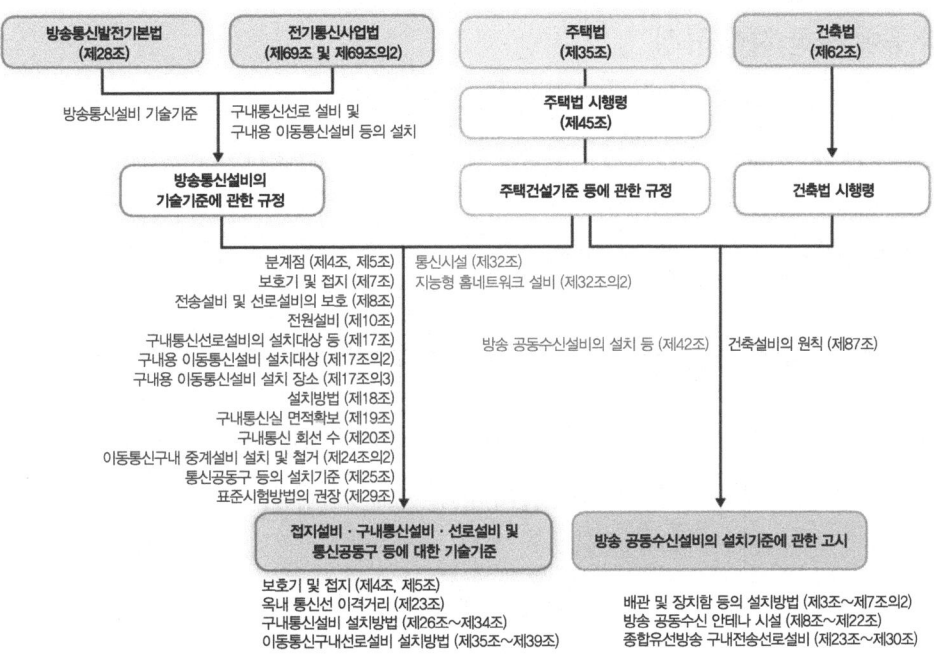

- **방송통신발전 기본법** [시행 2018.8.22.] [법률 제15370호, 2018.2.21.]

  - 방송통신설비 기술기준의 운용 및 「방송통신설비의 기술기준에 관한 규정」 수립의 근거 규정

- **전기통신사업법** [시행 2018.3.15.] [법률 제14576호, 2017.3.14.]

  - 구내용 전기통신선로설비 및 구내용 이동통신설비 등의 설치에 관한 사항 규정

- **방송통신설비의 기술기준에 관한 규정** [시행 2017.10.26.] [대통령령 제27998호, 2017.4.25.]

  - 「방송통신발전 기본법」 및 「전기통신사업법」에 따른 방송통신설비·관로·구내통신선로설비 및 구내용 이동통신설비, 방송통신기자재 등의 기술기준 규정

■ **주택법** [시행 2018.9.14.] [법률 제15459호, 2018.3.13.]

- 국민의 주거안정과 주거수준의 향상을 위하여 주택의 건설·공급 및 주택시장의 관리 등에 관한 사항 규정

■ **주택법 시행령** [시행 2018.12.13.] [대통령령 제29360호, 2018.12.11.]

- 「주택법」 위임 사항과 그 시행에 필요한 사항 규정

■ **주택건설기준 등에 관한 규정** [시행 2018.2.9.] [대통령령 제28628호, 2018.2.9.]

- 주택의 구내통신선로설비 및 지능형 홈네트워크 설비 설치에 관한 근거 및 공동주택에 방송 공동수신설비의 설치에 관한 근거 규정

■ **건축법** [시행 2018.10.18.] [법률 제15594호, 2018.4.17.]

- 건축물의 안전·기능·환경 및 미관을 향상키시고 공공복리의 증진에 이바지하기 위하여 건축물의 대지·구조·설비 기준 및 용도 등을 규정

■ **건축법 시행령** [시행 2018.6.27.] [대통령령 제29004호, 2018.6.26.]

- 건축물의 방송 공동수신설비의 설치에 관한 근거를 규정

■ **접지설비·구내통신설비·선로설비 및 통신공동구등에 대한 기술기준**
[국립전파연구원고시 제2018-30호, 2018.12.24.]

- 「방송통신설비의 기술기준에 관한 규정」 및 「주택건설기준 등에 관한 규정」 에서 규정된 방송통신설비의 보호기 및 접지설비, 건축물 구내에 설치하는 통신설비, 사업자가 설치하는 선로설비 및 통신공동구등에 대한 세부 기술 기준을 규정

## 제1장 개요

■ **방송 공동수신설비의 설치기준에 관한 고시** [과학기술정보통신부고시 제2018-1호, 2018.1.9.]

- 「건축법 시행령」 및 「주택건설기준 등에 관한 규정」에 따라 건축물에 설치하는 방송 공동수신설비의 설치기준 등을 규정

## III. 정보통신공사 착공 전 설계도 확인 및 사용 전 검사 개요

■ 제도 개요

- 착공 전 설계도 확인
  - 정보통신공사의 착공 전에 설계도를 제출하도록 하여 관련 기술기준에 대한 적합여부를 확인하고 부실설계에 따른 재시공을 예방하기 위하여 도입된 제도 (2005.12.30. 시행)
  - 관련 규정
    · 「정보통신공사업법」 제36조 및 같은 법 시행령 제35조, 제35조의2

- 사용 전 검사
  - 이용자가 정보통신설비를 사용하기 전에 기술기준에 적합하게 시공되었는지를 확인하고 정보통신설비의 시공품질을 확보하기 위하여 도입된 제도 (1999.1.1. 시행)
    · 구 정보통신부에서 시·군·구청 등 지방자치단체로 업무 이양(2004.7.30.)
  - 관련 규정
    · 「정보통신공사업법」 제36조 및 같은 법 시행령 제35조, 제36조

| | 착공 전 설계도 확인 | 사용 전 검사 |
|---|---|---|
| 근거 규정 | 정보통신공사업법 제36조<br>같은 법 시행령 제35조 및 제35조의2 | 정보통신공사업법 제36조<br>같은 법 시행령 제35조 및 제36조 |
| 목적 | 정보통신공사의 착공 전에 설계의 적합여부를 확인하여 부실설계에 따른 재시공 사례 방지(2005.12.30. 시행) | 정보통신시설물 시공품질 확보를 위하여 이용자가 사용하기 전에 동 설비가 기술기준에 적합하게 시공되었는지를 확인(1999.1.1. 시행) |
| 신청자 | 공사를 발주한자(자신의 공사를 스스로 시공한 공사업자 포함) | |
| 검사자 | 특별자치시장, 특별자치도지사, 시장, 군수, 구청장(자치단체장) | |
| 대상공사 | - 구내통신선로 설비공사<br>- 이동통신구내선로 설비공사<br>- 방송공동수신 설비공사<br><br>〈면제 대상 공사〉<br>- 연면적 150㎡ 이하인 건축물의 공사<br>- 건축법 제14조에 따른 신고대상 건축물의 공사 | 〈면제 대상 공사〉<br>- 감리를 실시한 공사(감리결과보고서 제출)<br>- 연면적 150㎡ 이하인 건축물의 공사<br>- 건축법 제14조에 따른 신고대상 건축물의 공사 |
| 관련<br>기술기준 | - 방송통신설비의 기술기준에 관한 규정<br>- 접지설비·구내통신설비·선로설비 및 통신공동구 등에 대한 기술기준<br>- 방송공동수신설비의 설치기준에 관한 고시 | |

■ **업무 절차**

● 착공 전 설계도 확인 업무 절차

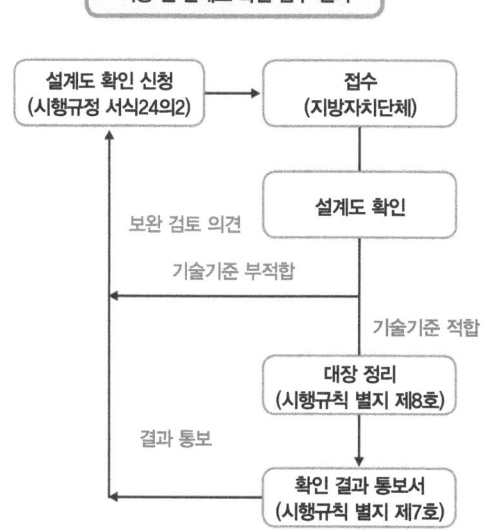

시행규칙 : 정보통신공사업법 시행규칙 (과학기술정보통신부령 제18호)
시행규정 : 정보통신공사업법 시행에 관한 규정 (과학기술정보통신부 고시 제2018-60호)

- 신청서 접수

  · 「정보통신공사업법」 제36조제1항 및 같은 법 시행령 제35조의2에 따라 정보통신공사 착공 전 설계도 확인 신청서*와 함께 설계도를 제출·접수함
    -. 접수 시기는 건축 관련 민원과 연계하여 건축 허가 신청과 착공 신고 중 선택 가능
    -. 감리대상 공사인 경우에도 「정보통신공사업법 시행령」에 따른 착공 전 설계도 확인 대상에 해당함
      * 「정보통신공사업법 시행에 관한 규정」 서식 24의2
  · 신청인이 정보통신 관련 설계도를 종전(제도 도입 전)과 같이 건축 허가 시 전자시스템(세움터 등)을 활용하여 건축 관련 부서에 제출한 경우에는 동 설계도(전자파일 포함)를 이용하여 검토 가능(별도 제출 생략)함

제1장 개요

※ 민원의 신청은 「민원처리에 관한 법률」에 따라 규정된 서식(정보통신공사 착공 전 설계도 확인 신청서)을 이용하여 착공 전 설계도 확인 담당부서에 신청해야 함

- 설계도 확인
  · 「정보통신공사업법」 제6조에 따른 기술기준 적합여부 확인
  · [붙임 3]의 정보통신공사 착공 전 설계도 확인을 위한 체크리스트를 참고하여 세부 설계 결과를 확인
- 설계도 확인결과 통보 및 기록
  · 설계도 확인결과를 건축업무 부서에 통보하고 건축업무 부서는 건축착공 신고필증 교부 시 신청자(발주자)에게 동 통보서를 같이 전달
  · 설계가 기술기준에 미달하는 등 시공에 부적합하다고 인정하는 경우에는 확인결과 통보서*에 확인의견 및 보완사항 등의 내용 기재
     * 「정보통신공사업법 시행규칙」 별지 제7호
  · 확인결과를 통보한 경우에는 이를 업무관리대장**에 일련번호순으로 기록
     ** 「정보통신공사업법 시행규칙」 별지 제8호

〈구내용 이동통신설비 설치 관련 행정 확인사항-착공 전 설계도 확인〉
- 이동통신구내선로 설비공사의 경우 지방자치단체장(또는 검사권자)은 제출된 착공 설계도가 「방송통신설비의 기술기준에 관한 규정」 제24조의2제1항에서 제4항에 따른 협의결과를 반영하고 있는지 확인
- 제출된 설계도가 구내통신선로설비 기술기준* 제35조에서 제39조의 설치기준 및 관련 [별표 7]의 구내용 이동통신설비 설치표준도에 적합한지 확인
  · 이동통신구내중계설비가 정확하게 설치될 수 있도록 협의된 이동통신구내중계설비의 위치에 적합한 이동통신구내선로설비가 설계되었는지 확인하기 위함
   * 접지설비·구내통신설비·선로설비 및 통신공동구등에 대한 기술기준
- 설계결과에 대해서는 건축주가 협의대표(기간통신사업자)와 협의를 거쳐 제출하는 상호 협의결과서**를 통해 확인함
  ** 표준 상호협의결과서 예시 – [붙임 1]

● 사용 전 검사 업무 절차

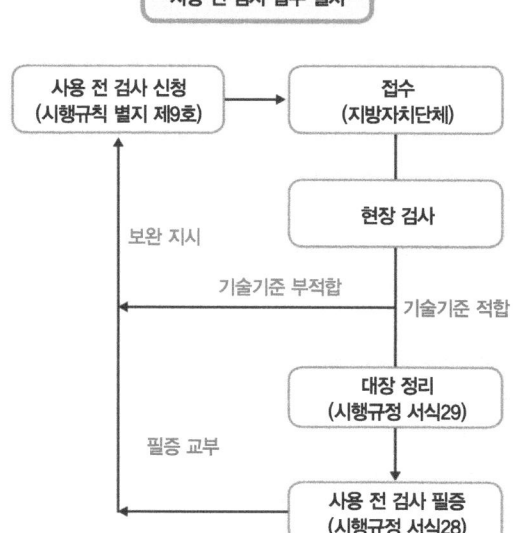

시행규칙 : 정보통신공사업법 시행규칙 (과학기술정보통신부령 제18호)
시행규정 : 정보통신공사업법 시행에 관한 규정 (과학기술정보통신부 고시 제2018-60호)

- 신청서 접수
  · 「정보통신공사업법」 제36조제1항에 따라 완료된 정보통신공사에 대한 사용 전 검사를 받고자 하는 자는 해당 공사의 준공설계도면 사본과 함께 신청서* 제출
    * 「정보통신공사업법 시행규칙」 별지 제9호
- 사용 전 검사 실시(현장 검사)
  · 「정보통신공사업법」 제6조에 따른 기술기준 적합여부 확인 및 시공 상태의 적정성 여부 검사
    ※ 사용 전 검사기준 및 검사방법 - [붙임 2]
  · [붙임 2]의 사용 전 검사기준 및 검사방법, [붙임 4]의 정보통신공사의 사용 전 검사를 위한 점검 항목를 참고하여 세부 시공 상태를 검사

- 검사필증 발급 및 기록
  · 검사결과가 대상 시설의 사용에 적합하다고 안정한 경우 검사필증*을 발급해야 하며, 기술기준에 미달하는 등 사용에 부적합할 경우에는 그 사유를 명시하여 보완을 지시하고 재검사
      * 「정보통신공사업법 시행에 관한 규정」 서식 28
  · 검사필증을 발급한 경우에는 이를 발급대장**에 일련번호순으로 기록
      ** 「정보통신공사업법 시행에 관한 규정」 서식 29

〈구내용 이동통신설비 설치 관련 행정 확인사항-사용 전 검사〉
- 이동통신구내선로 설비공사의 경우 지방자치단체장(또는 검사권자)은 「방송통신설비의 기술기준에 관한 규정」 제24조의2 제1항에서 제4항에 따른 협의결과에 적합하게 설치되었는지를 확인
- 이동통신구내선로설비가 구내통신선로설비 기술기준* 제35조에서 제39조의 설치기준 및 관련 [별표 7]의 구내용 이동통신설비 설치표준도에 적합한지 확인
    · 이동통신구내중계설비가 정확하게 설치될 수 있도록 협의된 이동통신구내중계설비의 위치에 적합한 이동통신구내선로설비가 설치되었는지 확인하기 위함이며, 제39조에 따른 이동통신구내중계설비 설치장소의 확보 여부를 점검함
    * 접지설비·구내통신설비·선로설비 및 통신공동구등에 대한 기술기준
- 협의결과는 건축주가 협의대표(기간통신사업자)와 협의를 거쳐 제출하는 상호 협의결과서**를 통해 확인함
   ** 표준 상호협의결과서 예시 – [붙임 1]
- 재난상황 대응측면에서 의무화된 이동통신구내중계설비는 준공 이전에 설치가 완료되어야 법적 취지에 부응하므로 설치 여부에 대한 확인이 필요함

● 감리실시 대상 공사 업무 절차

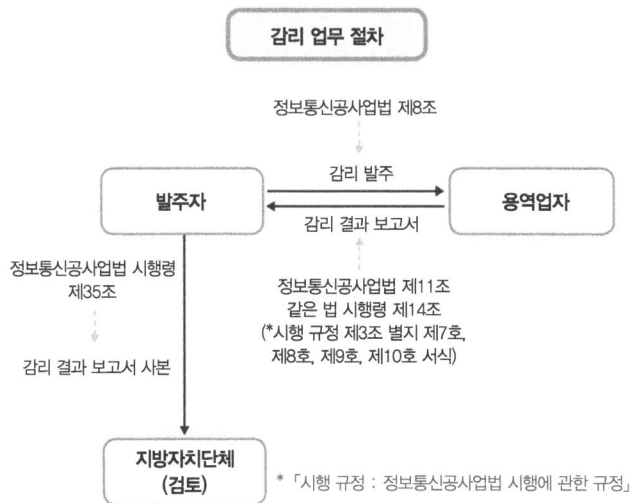

- 「정보통신공사업법」 제8조 및 제11조에 따라 감리를 실시한 용역업자는 공사 완료 후 7일 이내에 감리결과보고서를 발주자에게 제출하고, 발주자는 감리결과보고서의 사본을 지방자치단체장(또는 검사권자)에게 제출

- 지방자치단체장(또는 검사권자)은 사용 전 검사를 대신하여 감리결과보고서*를 확인하고 이상 여부를 건축업무 부서 및 발주자에게 통보(세움터 이용 등)
  · 감리결과보고서와 함께 시공상태의 평가결과서(서식 8), 사용자재의 규격 및 적합성평가 결과서(서식 9), 정보통신기술자 배치의 적정성 평가결과서(서식 10) 확인
      * 「정보통신공사업법 시행에 관한 규정」 별지 제7호 서식
    ※ 「정보통신공사업법 시행령」 제8조제1항에 따른 감리대상 예외공사 중 같은 법 시행령 제35조제1항 각 호에 해당하지 않는 공사는 사용 전 검사 대상임

■ 벌칙 및 과태료

● 착공 전 설계도 확인을 받지 아니하고 공사를 시작하거나 사용 전 검사를 받지 아니하고 정보통신설비를 사용한 자
  - 1년 이하의 징역 또는 1천만 원 이하의 벌금(「정보통신공사업법」 제75조)

● 관련 기술기준을 위반하여 설계 또는 감리를 한 자
  - 500만 원 이하의 벌금(「정보통신공사업법」 제76조)

● 정보통신공사 설계도에 서명 또는 기명날인을 아니한 자
  - 100만원 과태료 부과(「정보통신공사업법」 제78조 및 같은 법 시행령 제58조제1항([별표 10]))

● 감리결과를 통보하지 아니한 자
  - 200만원 과태료 부과(「정보통신공사업법」 제78조 및 같은 법 시행령 제58조제1항([별표 10]))

    ※ 벌칙 및 과태료 관련 사항은 「정보통신공사업법」 제7장(감독) 및 제9장(벌칙) 등 관계 법령 참조

# 제 2 장

**국립전파연구원**
National Radio Research Agency

정보통신공사 착공 전 설계도 확인 및 사용 전 검사 기준 해설

## 착공 전 설계도 확인 및 사용 전 검사 기술기준 해설 및 질의답변

I. 용어의 정의

II. 방송통신설비의 기술기준에 관한 규정

III. 접지설비·구내통신설비·선로설비 및 통신공동구등에 대한 기술기준

IV. 방송 공동수신설비의 설치기준에 관한 고시

---

본 해설서에서 언급하는 법령 및 행정규칙은 그 제목을 그대로 명기하는 것을 원칙으로 하나, 다음의 경우에는 축약된 제목을 사용함
- 「방송통신설비의 기술기준에 관한 규정」: 기술기준규정
- 「접지설비·구내통신설비·선로설비 및 통신공동구등에 대한 기술기준」: 구내통신설비 기술기준
- 「방송 공동수신설비의 설치기준에 관한 고시」: 방송공동수신설비 설치기준

※ 방송통신기술의 발전에 따라 관련 법령 및 행정규칙이 개정된 경우에는 개정된 기준을 적용함

# Ⅰ 용어의 정의

● 본 해설서에서 사용되는 용어의 정의는 다음과 같으며, 본 용어정의 외의 용어에 대해서는 「방송통신발전 기본법」, 「전기통신기본법」, 「전파법 시행령」 및 「방송통신설비의 기술기준에 관한 규정」에서 정하는 바에 따름

| | |
|---|---|
| 강전류전선 | 전기도체, 절연물로 싼 전기도체 또는 절연물로 싼 것의 위를 보호피막으로 보호한 전기도체 등으로서 300V 이상의 전력을 송전하거나 배전하는 전선을 말함 |
| 강전류절연전선 | 절연물만으로 피복되어 있는 강전류전선을 말함 |
| 강전류케이블 | 절연물 및 보호물로 피복되어 있는 강전류전선을 말함 |
| 강풍지역 | 벌판, 도서 또는 해안에 인접한 지역 등으로서 바람의 영향을 많이 받는 곳을 말함 |
| 건물간선케이블 | 동일 건물 내의 국선단자함이나 동단자함에서 층단자함까지 또는 층단자함에서 층단자함까지의 구간을 연결하는 통신케이블을 말함 |
| 고압 | 직류는 750V, 교류는 600V를 초과하고 각각 7,000V 이하인 전압을 말함 |
| 교환설비 | 다수의 전기통신회선(이하 "회선"이라 한다)을 제어·접속하여 회선 상호 간의 방송통신을 가능하게 하는 교환기와 그 부대설비를 말함 |
| 구내간선케이블 | 구내에 두 개 이상의 건물이 있는 경우 국선단자함에서 각 건물의 동단자함 또는 동단자함에서 동단자함까지의 건물 간 구간을 연결하는 통신케이블을 말함 |
| 구내통신선로설비 | 국선접속설비를 제외한 구내 상호간 및 구내·외간의 통신을 위하여 구내에 설치하는 케이블, 선조(線條), 이상전압전류에 대한 보호장치 및 전주와 이를 수용하는 관로, 통신터널, 배관, 배선반, 단자 등과 그 부대설비를 말함 |

| | |
|---|---|
| 국선 | 사업자의 교환설비로부터 이용자방송통신설비의 최초 단자에 이르기까지의 사이에 구성되는 회선을 말함 |
| 국선단자함 | 국선과 구내간선케이블 또는 구내케이블을 종단하여 상호 연결하는 통신용 분배함을 말함 |
| 국선접속설비 | 사업자가 이용자에게 제공하는 국선을 수용하기 위하여 설치하는 국선수용단자반 및 이상전압전류에 대한 보호장치 등을 말함 |
| 급전선 | 전파에너지를 전송하기 위하여 송신장치나 수신장치와 안테나 사이를 연결하는 선을 말함 |
| 기타건축물 | 업무용 건축물 및 주거용 건축물을 제외한 건축물을 말함 |
| 단말장치 | 방송통신망에 접속되는 단말기기 및 그 부속설비를 말함 |
| 동단자함 | 구내간선케이블 및 건물간선케이블을 종단하여 상호 연결하는 통신용 분배함을 말함 |
| 레벨조정기 | 수신안테나로부터 들어오는 각 채널별 텔레비전방송신호의 세기를 고르게 조정하는 장치를 말함 |
| 방송 공동수신 안테나 시설 | 「방송법」에 따라 허가받은 지상파텔레비전방송, 에프엠(FM)라디오방송, 이동멀티미디어방송 및 위성방송(이하 "지상파방송, 위성방송" 이라 한다)을 공동으로 수신하기 위하여 설치하는 수신안테나·선로·관로·증폭기 및 분배기 등과 그 부속설비를 말함 |
| 방송 공동수신설비 | 방송 공동수신 안테나 시설과 종합유선방송 구내전송선로설비를 말함 |
| 방송 주파수대역 | 방송을 수신하기 위하여 방송 공동수신설비에서 사용하는 주파수 대역을 말함 |
| 방송통신망 | 방송통신을 행하기 위하여 계통적·유기적으로 연결·구성된 방송통신설비의 집합체를 말함 |
| 보호기 | 벼락이나 강전류 전선과의 접촉 등에 따라 발생하는 이상전류 또는 이상전압이 수신안테나 등으로 흘러들어오는 것을 제한하거나 차단하는 장치를 말함 |
| 분기기 | 입력신호에너지를 간선에서 지선으로 나누는 장치를 말함 |
| 분배기 | 입력신호에너지를 둘 이상으로 분배하는 장치를 말함 |

## 제2장 착공 전 설계도 확인 및 사용 전 검사 기술기준 해설 및 질의답변
### Ⅰ. 용어의 정의

| | |
|---|---|
| 사업용방송통신설비 | 방송통신서비스를 제공하기 위한 방송통신설비로서 다음의 설비를 말함<br>가. 「전기통신기본법」 제7조에 따른 기간통신사업자 · 별정통신사업자 및 부가통신사업자(이하 "사업자"라 한다)가 설치 · 운용 또는 관리하는 방송통신설비<br>나. 「방송법」 제2조제14호에 따른 전송망사업자가 설치 · 운용 또는 관리하는 방송통신설비(이하 "전송망사업용설비"라 한다)<br>다. 「인터넷 멀티미디어 방송사업법」 제2조제5호가목에 따른 인터넷 멀티미디어 방송 제공사업자가 설치 · 운용 또는 관리하는 방송통신설비가 「전기통신기본법」 제7조에 따른 기간통신사업자 · 별정통신사업자 및 부가통신사업자(이하 "사업자"라 한다)가 설치 · 운용 또는 관리하는 방송통신설비 |
| 사업자 | 방송통신서비스를 제공하는 방송통신사업자를 말함 |
| 선로설비 | 일정한 형태의 방송통신콘텐츠를 전송하기 위하여 사용하는 동선 · 광섬유 등의 전송매체로 제작된 선조 · 케이블 등과 이를 수용 또는 접속하기 위하여 제작된 전주 · 관로 · 통신터널 · 배관 · 맨홀(manhole) · 핸드홀(handhole) · 배선반 등과 그 부대설비를 말함 |
| 성형배선 | 세대단자함에서 각각의 직렬단자까지 직접 배선되는 방식을 말함 |
| 세대내성형배선 | 세대단자함 또는 이와 동등한 기능이 있는 단자함에서 각 인출구로 직접 배선되는 방식을 말함 |
| 세대단자함 | 세대 내에 인입되는 통신선로, 방송공동수신설비 또는 홈네트워크설비 등의 배선을 효율적으로 분배 · 접속하기 위하여 이용자의 주거전용면적에 포함되는 실내공간에 설치되는 분배함을 말함 |
| 수신안테나 | 지상파방송, 위성방송의 신호를 수신하기 위하여 건축물의 옥상 또는 옥외에 설치하는 안테나를 말함 |
| 수평배선케이블 | 층단자함에서 통신인출구까지를 연결하는 통신케이블을 말함 |
| 신호처리기 | 지상파텔레비전방송, 에프엠(FM)라디오방송, 이동멀티미디어방송의 신호를 수신하여 증폭하고, 불필요한 신호의 제거 등을 통하여 일정 수준 이상으로 출력하여 주는 장치를 말함 |

| | |
|---|---|
| 업무용 건축물 | 「건축법 시행령」 별표 1 제14호에 따른 업무시설을 말함 |
| 이격거리 | 통신선과 타물체(통신선을 포함한다)가 기상조건에 의한 위치의 변화에 의하여 가장 접근한 경우의 거리를 말함 |
| 이동통신구내선로설비 | 구내에「건축법」제2조제12호에 따른 건축주,「주택법」제2조제10호에 따른 사업주체 또는「도시철도법」제2조제7호에 따른 도시철도건설자(이하 "건축주등"이라 한다)가 설치·관리하는 구내용 이동통신설비로서 관로, 배관, 전원단자, 통신용접지설비와 그 부대시설을 말함 |
| 이동통신구내중계설비 | 구내에 사업자가 설치·관리하는「전기통신사업법」제69조의2 제1항에 따른 구내용 이동통신설비(이하 "구내용 이동통신설비"라 한다)로서 중계장치, 급전선(給電線), 안테나와 그 부대시설을 말함 |
| 이용자 | 구내통신설비를 소유하거나 사용하는 자를 말함 |
| 이용자방송통신설비 | 방송통신서비스를 제공받기 위하여 이용자가 관리·사용하는 구내통신선로설비, 이동통신구내선로설비, 방송공동수신설비, 단말장치 및 전송설비 등을 말함 |
| 장치함 | 지상파방송, 위성방송 및 종합유선방송의 신호를 각 세대별 또는 층별로 분배하기 위하여 증폭기와 분배기 등을 설치한 분배함을 말함 |
| 저압 | 직류는 750V 이하, 교류는 600V 이하인 전압을 말함 |
| 전력선통신 | 전력공급선을 매체로 이용하여 행하는 통신을 말함 |
| 전력유도 | 「철도건설법」에 따른 고속철도나「도시철도법」에 따른 도시철도 등 전기를 이용하는 철도시설(이하 "전철시설"이라 한다) 또는 전기공작물 등이 그 주위에 있는 방송통신설비에 정전유도나 전자유도 등으로 인한 전압이 발생되도록 하는 현상을 말함 |
| 전송설비 | 교환설비·단말장치 등으로부터 수신된 방송통신콘텐츠를 변환·재생 또는 증폭하여 유선 또는 무선으로 송신하거나 수신하는 설비로서 전송단국장치·중계장치·다중화장치·분배장치 등과 그 부대설비를 말함 |
| 전원설비 | 수변전장치, 정류기, 축전지, 전원반, 예비용 발전기 및 배선 등 방송통신용 전원을 공급하기 위한 설비를 말함 |

## 제2장 착공 전 설계도 확인 및 사용 전 검사 기술기준 해설 및 질의답변
### Ⅰ. 용어의 정의

| | |
|---|---|
| 정보통신설비 | 유선·무선·광선이나 그 밖에 전자적 방식에 따라 부호·문자·음향 또는 영상 등의 정보를 저장·제어·처리하거나 송수신하기 위한 기계·기구·선로나 그 밖에 필요한 설비를 말함 |
| 종합유선방송 구내전송선로설비 | 종합유선방송을 수신하기 위하여 수신자가 구내에 설치하는 선로·관로·증폭기 및 분배기 등과 그 부속설비를 말함 |
| 주거용 건축물 | 「건축법 시행령」 별표 1 제1호 및 제2호에 따른 단독주택 및 공동주택을 말함 |
| 중계장치 | 선로의 도달이 어려운 지역을 해소하기 위해 사용하는 증폭장치 등을 말함 |
| 증폭기 | 동축케이블·광케이블·분배기 및 분기기 등으로 인하여 발생한 신호의 손실을 회복하기 위하여 사용하는 장치를 말함 |
| 직렬단자 | 선로와 직렬로 접속되어 지상파방송, 위성방송 및 종합유선방송의 신호를 분배하거나 분기할 수 있으며, 그 내부에 텔레비전수상기 및 에프엠라디오수신기에 방송신호를 전달하여 주는 접속단자가 내장되어 있는 것을 말함 |
| 층단자함 | 건물간선케이블 및 수평배선케이블을 종단하여 상호 연결하는 통신용 분배함을 말함 |
| 층장치함 | 방송 공동수신설비의 출력신호의 분배 및 통신 선로 등에 공용하여 각 세대별 또는 지하 주차장 등에 인입하기 위하여 각 층(지하층 포함)에 설치한 분배함을 말함 |
| 통신선 | 절연물로 피복한 전기도체 또는 절연물로 피복한 위를 보호피복으로 보호한 전기도체 및 광섬유 등으로써 통신용으로 사용하는 선을 말함 |
| 특고압 | 7,000V를 초과하는 전압을 말함 |
| 홈네트워크 주장치 | 세대 내에서 사용되는 홈네트워크 기기들을 유·무선 네트워크 기반으로 연결하고 홈네트워크 서비스를 제공하는 기기를 말함(홈게이트웨이, 월패드, 홈서버 등 포함) |
| 회선 | 전기통신의 전송이 이루어지는 유형 또는 무형의 계통적 전기통신로를 말하며, 그 용도에 따라 국선 및 구내선 등으로 구분함 |

# 방송통신설비의 기술기준에 관한 규정

[시행 2017.10.26.] [대통령령 제27998호, 2017.4.25.]

## 1. 일반적 조건

■ 분계점(제4조)

> **제4조(분계점)** ① 방송통신설비가 다른 사람의 방송통신설비와 접속되는 경우에는 그 건설과 보전에 관한 책임 등의 한계를 명확하게 하기 위하여 분계점이 설정되어야 한다.
> ② 각 설비간의 분계점은 다음 각 호와 같다.
> 1. 사업용방송통신설비의 분계점은 사업자 상호 간의 합의에 따른다. 다만, 과학기술정보통신부장관이 분계점을 고시한 경우에는 이에 따른다.
> 2. 사업용방송통신설비와 이용자방송통신설비의 분계점은 도로와 택지 또는 공동주택단지의 각 단지와의 경계점으로 한다. 다만, 국선과 구내선의 분계점은 사업용방송통신설비의 국선접속설비와 이용자방송통신설비가 최초로 접속되는 점으로 한다.

(의의)

- 사업자와 다른 사업자 또는 사업자와 이용자의 방송통신설비가 유선으로 접속되는 경우 설비의 설치, 운용 또는 관리에 대한 책임 범위를 규정하여 관련 분쟁을 방지하기 위함

(해설)

- (제1항) 분계점에 따라 각 사업자 및 이용자의 방송통신설비의 설치, 운용 또는 관리 책임 범위가 정해짐

- (제2항제1호) 각 통신사업자가 상호 통신을 위해 접속하는 사업용방송통신설비에 대한 분계점은 법으로 규정하지 않고 사업자 상호간의 합의를 통해 정하도록 함

- 과학기술정보통신부장관이 별도로 고시하는 경우에는 이에 따라야 함

    ※ '18년 12월 현재 별도로 정한 고시는 없음

- (제2항제2호) 이용자는 도로와 택지 또는 공동주택단지의 각 단지와의 경계점인 대지경계점을 기준으로, 대지경계점 안쪽에 설치하는 방송통신설비에 대해 설치·유지 및 관리의 책임을 가지며, 그 바깥쪽에 설치하는 설비는 사업자가 설치·유지 및 관리의 책임을 가짐(관로 분계점 또는 대지분계점)

    - 다만, 통신선의 경우에는 예외적으로 이용자의 건축물에 설치되어 사업자의 통신선(국선)과 이용자의 통신선(구내선)을 연결하는 접속점(국선단자함)을 분계점으로 함(선로 분계점)

    - 구내통신설비 기술기준 제26조제2항 및 제3항에 따라 이용자가 국선을 지하로 인입하기 위하여 사업자의 인입맨홀, 핸드홀 또는 인입주까지 지하배관을 설치하는 경우, 사업자의 인입맨홀 등을 그 분계점으로 함

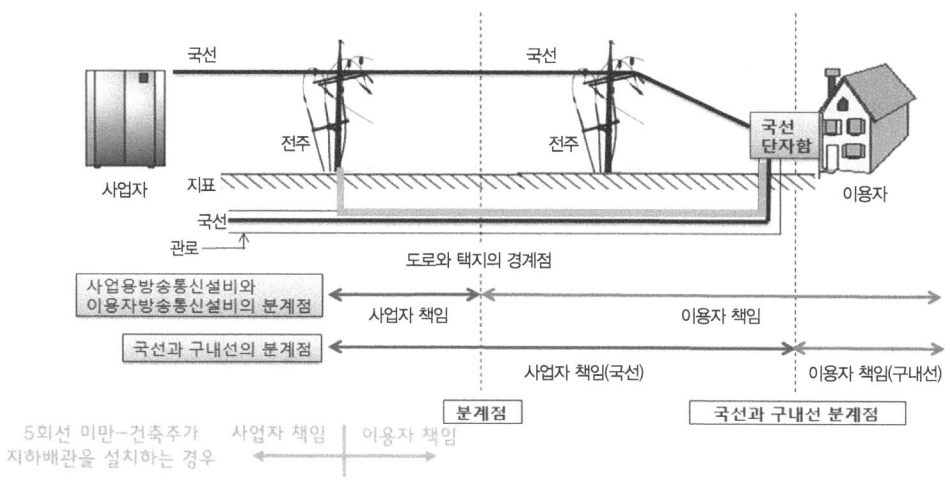

**(적용 시 유의 사항)**

● 건축주는 국선을 제외한 전주, 관로, 배관 및 맨홀/핸드홀 등의 선로설비를 택지의 경계점(관로 분계점 또는 대지 분계점)까지 설치하여야 함

– 외부로부터 통신선을 인입하기 위한 지하배관은 맨홀/핸드홀 설치 유무에 관계없이 국선단자함에서 관로 분계점(대지 분계점)까지 설치함

## ■ 분계점에서의 접속기준 등(제5조)

> **제5조(분계점에서의 접속기준 등)** ① 분계점에서의 접속방식은 간단하게 분리·시험할 수 있어야 하며, 과학기술정보통신부장관이 그 접속방식을 정하여 고시한 경우에는 이에 따른다.
> ② 방송통신망 간 접속기준은 사업자 상호 간의 합의에 따른다. 다만, 과학기술정보통신부장관이 접속기준을 고시한 경우에는 이에 따른다.
> ③ 사업자는 이용자로부터 단말장치의 접속을 요청받은 경우 기술기준에 부적합하거나 그 밖에 특별한 경우를 제외하고는 이를 거부하여서는 아니 된다.

### (의의)

- 사업자와 사업자 또는 사업자와 이용자의 방송통신설비가 접속되는 분계점에서의 접속 방법 및 의무를 규정하여 분쟁을 방지하기 위함

### (해설)

- (제1항) 통신선의 경우 분계점에서 두 설비를 쉽게 분리할 수 있고, 또한 이를 시험할 수 있도록 단자 또는 배선반 등을 이용하여 설치함
  - 별도로 과학기술정보통신부장관이 그 접속방식을 정하여 고시한 경우에는 고시하는 방법에 따라야 함
    ※ '18년 12월 현재 별도로 정한 고시는 없음
- (제2항) 사업자의 방송통신망간 접속기준은 상호간 협의에 따름
  - 별도로 과학기술정보통신부장관이 그 접속방식을 정하여 고시한 경우에는 고시하는 방법에 따라야 함
    ※ '18년 12월 현재 별도로 정한 고시는 없음
- (제3항) 이용자가 통신서비스 이용을 요청하는 경우, 사업자는 이용자 설비가 기술기준에 부적합하거나 이를 거부할 특별한 사유가 없는 한 국선단자함까지 통신선(국선)을 설치하여 접속하여야 함

## ■ 보호기 및 접지(제7조)

> **제7조(보호기 및 접지)** ① 벼락 또는 강전류전선과의 접촉 등으로 이상전류 또는 이상전압이 유입될 우려가 있는 방송통신설비에는 과전류 또는 과전압을 방전시키거나 이를 제한 또는 차단하는 보호기가 설치되어야 한다.
> ② 제1항에 따른 보호기와 금속으로 된 주배선반·지지물·단자함 등이 사람 또는 방송통신설비에 피해를 줄 우려가 있을 경우에는 접지되어야 한다.
> ③ 제1항 및 제2항에 따른 방송통신설비의 보호기 성능 및 접지에 대한 세부기술기준은 과학기술정보통신부장관이 정하여 고시한다.

### (의의)

- 방송통신설비의 보호 및 인명 안전을 위하여 이상전류나 이상전압으로 인한 과전류 또는 과전압을 방전, 제한 또는 차단할 수 있는 보호기를 설치하고 금속재질의 방송통신설비에는 접지시설을 설치할 수 있도록 규정함

### (해설)

- (제1항) 사업자는 벼락이나 강전류전선과의 접촉 시 이상전류 또는 이상전압에 의해 방송통신설비에 유입될 수 있는 과전류나 과전압을 방전, 제한 또는 차단하기 위한 보호기를 설치해야 함

- (제2항) 제1항의 보호기와 금속재질의 주배선반, 지지물, 단자함 등에 이상전류나 이상전압의 유입되는 경우 인명이나 방송통신설비에 피해를 줄 우려가 있으므로 접지시설을 설치해야 함

- (제3항) 보호기의 성능 및 접지시설에 대한 세부 설치기준은 과학기술정보통신부장관이 정하여 고시하는 방법에 따름
  – 구내통신설비 기술기준 제4조(보호기 성능) 및 제5조(접지저항 등)

## 2. 이용자방송통신설비

### ■ 구내통신선로설비의 설치대상 등(제17조)

> **제17조(구내통신선로설비의 설치대상 등)**「전기통신사업법」제69조제1항에 따라 구내통신선로설비 등을 갖추어야 하는 건축물은「건축법」제11조제1항에 따라 허가를 받아 건축하는 건축물로 한다. 다만, 야외음악당·축사·차고·창고 등 통신수요가 예상되지 아니하는 비주거용 건축물의 경우에는 그러하지 아니하다.

(의의)

- 구내통신선로설비를 설치해야 하는 건축물의 범위를 규정하고 건축물 시공 시 최소한의 통신설비를 설치하도록 함으로써 건축물을 이용하는 국민들의 통신 이용 편리성을 도모하기 위함

(해설)

- 「건축법」제11조제1항에서는 건축물을 건축하거나 대수선하고자 하는 경우 지방자치단체(검사권자)의 허가를 받도록 규정하고 있으며, 이러한 허가를 요하는 모든 건축물은 대해 구내통신선로설비를 설치해야 함

    - 「건축법 시행령」[별표 1]에 따른 용도별 건축물의 종류에서 유선을 이용한 통신수요가 없을 것으로 판단되는 야외음악당, 축사, 차고, 창고 등은 구내통신선로설비를 설치하지 않을 수 있음

    ※ 「건축법」제11조제1항 [시행 2019.2.15.] [법률 제15721호, 2018.8.14.]
    건축물을 건축하거나 대수선하려는 자는 특별자치시장·특별자치도지사 또는 시장·군수·구청장의 허가를 받아야 한다. 다만, 21층 이상의 건축물 등 대통령령으로 정하는 용도 및 규모의 건축물을 특별시나 광역시에 건축하려면 특별시장이나 광역시장의 허가를 받아야 한다.

**(적용 시 유의 사항)**

- 구내통신선로설비 설치대상 예외 건축물은 건축 당시의 용도뿐만 아니라 건축물 수명주기 전반을 고려하여 명확하게 통신(유선) 설비를 설치할 필요가 없는 경우에 한하여 예외로 인정함

- 2017년 4월 개정 시, 기존의 이동통신구내선로설비의 설치대상 관련 규정을 삭제하고 제17조의2 및 제17조의3, [별표 1]을 신설하여 구내용 이동통신 설비의 설치대상과 장소를 확대함

### 질의 1  구내통신선로설비의 설치 예외 대상 판단

- 창고, 공장, 제조시설 등 통신수요가 예상되지 아니하는 비주거용 건축물에 대한 판단 주체가 검사자인지 또는 건축주인지 여부?

**답 변**

- 「건축법」 제11조제1항에 따라 허가를 받아 건축하는 건축물은 구내통신선로설비 등을 갖추도록 규정하고 있으며, 야외음악당 · 축사 · 차고 · 창고 등 통신수요가 예상되지 아니하는 비주거용 건축물의 경우에는 제외하고 있음

- 통신 수요가 예상되지 아니하는 비주거용 건축물에 대한 판단은 지방자치단체 담당 공무원의 판단이 필요함

### 질의 2  사용 전 검사 면제대상 건축물의 구내통신선로설비 설치

- 연면적 150㎡로서 사용 전 검사의 면제대상인 경우에는 구내통신선로설비를 설치하지 않아도 되는지?

**답 변**

- 연면적 150㎡ 이하인 건축물은 사용 전 검사 등의 면제대상임
  - 다만, 「건축법」 제11조제1항에 따라 허가를 받아 건축하는 건축물에 해당하는 경우에는 구내통신선로설비를 갖추어야 함

## ■ 구내용 이동통신설비의 설치대상 및 장소(제17조의2 및 제17조의3)

**제17조의2(구내용 이동통신설비의 설치대상)** ① 「전기통신사업법」 제69조의2제1항제1호에서 "대통령령으로 정하는 건축물"이란 연면적의 합계가 1,000제곱미터 이상인 건축물로서 다음 각 호의 어느 하나에 해당하는 건축물을 말한다.
  1. 「건축법 시행령」 제2조제17호에 따른 다중이용 건축물(주택단지에 건설된 건축물은 제외한다)
  2. 지하층이 있는 건축물로서 제1호에 해당하지 아니하는 건축물(공중이 이용하는 지하도·터널·지하상가 및 지하에 설치하는 주차장 등 지하건축물을 포함한다)
② 제1항에도 불구하고 다음 각 호의 어느 하나에 해당하는 건축물은 「전기통신사업법」 제69조의2제1항제1호에 따른 건축물에서 제외한다.
  1. 제3항에 따른 주택단지에 건설된 주택 및 시설
  2. 「도시철도법」 제2조제3호에 따른 도시철도시설
  3. 「국방·군사시설 사업에 관한 법률」 제2조제1호에 따른 국방·군사시설
  4. 통신수요가 예상되지 아니한다고 과학기술정보통신부장관이 인정하는 건축물
③ 「전기통신사업법」 제69조의2제1항제2호에서 "대통령령으로 정하는 주택단지"란 500세대 이상의 공동주택이 있는 주택단지를 말한다.

**제17조의3(구내용 이동통신설비의 설치장소)** 「전기통신사업법」 제69조의2제1항 각호의 시설별로 구내용 이동통신설비를 설치하여야 하는 장소는 별표 1과 같다.

[별표 1]

### 구내용 이동통신설비의 설치장소(제17조의3 관련)

| 구 분 | 설 치 대 상 | 설 치 장 소 |
|---|---|---|
| 1. 「전기통신사업법」 제69조의2제1항제1호, 이 영 제17조의2제1항 및 제2항에 따른 건축물 | 가. 「건축법 시행령」 제2조제17호에 따른 다중이용 건축물(주택단지에 건설된 건축물은 제외한다) | 각 지하층 및 각 지상층 |
| | 나. 가목에 해당하지 않는 지하층이 있는 건축물(공중이 이용하는 지하도·터널·지하상가 및 지하에 설치하는 주차장 등 지하건축물을 포함한다) | 각 지하층 |
| 2. 「전기통신사업법」 제69조의2제1항제2호 및 이 영 제17조의2제3항에 따른 주택 및 시설 | 가. 제24조의2제1항에 따라 협의하여 지상층에 이동통신구내중계설비를 설치하기로 한 주택 및 시설 | 각 지하층 및 과학기술정보통신부장관이 정하여 고시하는 기준에 적합한 지상층 |
| | 나. 가목에 해당하지 않는 지하층이 있는 주택 및 시설 | 각 지하층 |

| 3. 「전기통신사업법」 제69조의2제1항제3호에 따른 도시철도시설 | 과학기술정보통신부장관이 정하여 고시하는 기준에 적합한 장소 |
|---|---|

비고
위 표에서 규정한 사항 외에 구내용 이동통신설비를 설치하여야 하는 장소에 관한 세부사항은 과학기술정보통신부장관이 정하여 고시한다.

## (의의)

- 생활필수재로서 국민 대다수가 이용하는 이동통신서비스의 접근편리성을 향상시킬 뿐만 아니라 전파음영 해소를 통한 신속하고 효과적인 재난 관리로 국민 안전의 사각지대를 해소하기 위함

- 「전기통신사업법」 제69조의2에 따라 연면적 합계 1,000㎡ 이상의 모든 건축물의 지하층뿐만 아니라 대형건축물(다중이용건축물, 500세대 이상 공동주택단지, 도시철도시설 등)의 지상층까지 구내용 이동통신설비를 설치하도록 하고 구체적인 설치대상의 범위와 설치장소를 규정함

**전기통신사업법** [법률 제14576호, 2017.3.14.]
**제69조의2(구내용 이동통신설비의 설치)** ① 다음 각 호의 시설에는 구내용 이동통신설비(「전파법」에 따라 할당 받은 주파수를 사용하는 기간통신역무를 이용하기 위하여 필요한 전기통신설비를 의미한다)를 설치하여야 한다.
  1. 「건축법」 제2조제1항제2호에 따른 건축물 중 연면적의 합계가 1,000제곱미터 이상의 범위에서 대통령령으로 정하는 건축물
  2. 「주택법」 제2조제12호에 따른 주택단지 중 500세대 이상의 범위에서 대통령령으로 정하는 주택단지에 건설된 주택 및 시설
  3. 「도시철도법」 제2조제3호에 따른 도시철도시설
② 제1항에 따라 설치하여야 하는 구내용 이동통신설비의 종류, 설치기준 및 절차에 관한 사항은 대통령령으로 정한다.

- 구내용 이동통신설비를 건축주(사업주체, 도시철도건설자 포함, 이하 '건축주 등'

제2장 착공 전 설계도 확인 및 사용 전 검사 기술기준 해설 및 질의답변
II. 방송통신설비의 기술기준에 관한 규정

이라 함)가 설치하는 이동통신구내선로설비와 이동통신사업자(이하 '사업자' 라 함)가 설치하는 이동통신구내중계설비로 구분하고, 기존의 이동통신구내선로설비 뿐만 아니라 이동통신구내중계설비의 설치를 의무화 함

- 이동통신구내선로설비: 건축주 등이 설치·관리하는 구내용 이동통신설비로서 관로, 배관, 전원단자, 통신용 접지설비와 그 부대시설을 말함

- 이동통신구내중계설비: 사업자가 설치·관리하는 구내용 이동통신설비로서 중계장치, 급전선 또는 광케이블, 안테나와 그 부대시설을 말함

**(해설)**

● (대상구분) 구내용 이동통신설비를 의무적으로 설치해야 하는 대상 건축물은 기본적으로 연면적 합계 1,000㎡ 이상인 경우에 해당하며, 건축물의 용도, 규모 등에 따라 지상층 또는 지하층 등의 설치장소를 구분함

- 다만, 개정된 기술기준규정 시행일(2017.5.26.) 이전에 건축허가 등을 받은 건축물은 그 용도와 규모에 관계없이 지하층에 이동통신구내선로설비만을 설치할 수 있음

● (제17조의2제1항-일반 건축물) 구내용 이동통신설비를 설치해야 하는 일반 건축물의 범위와 설치장소는 다음과 같음(연면적 합계 1,000㎡ 이상)

- (제1호) 「건축법 시행령」 제2조제17호에 따른 다중이용건축물: 각 지하층 및 각 지상층 설치

· 다중이용건축물은 「건축법 시행령」 [별표 1]의 용도별 건축물에서 문화 및 집회시설, 종교시설, 판매시설, 운수시설(여객용), 의료시설(종합병원), 숙박시설(관광숙박시설) 중 어느 하나의 용도로 쓰이는 바닥면적의 합계가 5,000㎡ 이상인 건축물 또는 용도와 관계없이 16층 이상의 모든 건축물을 말함

· 이 때 16층 이상이더라도 해당 건축물이 공동주택단지에 해당하는 경우

에는 세대 수에 따른 별도의 기준을 적용하고 있으며, 500세대 미만인 경우에는 제17조의2제1항제2호에 따라 각 지하층에, 500세대 이상인 경우에는 제17조의2제3항에 따라 각 지하층 및 설치하기로 협의한 동(공동주택)의 지상층에 설치

- (제2호) 다중이용건축물 외 지하층이 있는 건축물(공중 지하도·터널·지하상가 및 지하주차장 등 지하건축물 포함) : 각 지하층 설치

● (제17조의2제3항-주택단지) 500세대 이상의 공동주택이 있는 주택단지에서는 모든 공동주택 및 시설의 지하층 및 제24조의2제1항의 협의에 따라 이동통신구내중계설비를 설치하기로 한 공동주택 및 시설의 지상층에 구내용 이동통신설비 설치

- 500세대 미만의 공동주택이 있는 주택단지(연면적 합계 1,000㎡ 이상)의 경우 제17조의2제1항제2호의 규정에 따라 모든 공동주택 및 시설의 지하층에 구내용 이동통신설비 설치

● (도시철도시설) 「도시철도법」 제2조제3호에 따른 도시철도시설로서 역사 및 역시설, 승강장, 선로구간에 구내용 이동통신설비 설치

- 선로구간이 지상층에 설치되는 경우 구내용 이동통신설비를 설치하지 않을 수 있음

● 제17조의2, 제17조의3 및 [별표 1]의 구내용 이동통신설비의 설치대상과 장소는 다음과 같음

| 구 분 | 설 치 대 상 | 설 치 장 소 | |
|---|---|---|---|
|  |  | 각 지하층 | 각 지상층 |
| 1. 건축물<br>(연면적 합계 1,000㎡ 이상)<br>(국방·군사시설 제외) | 가. 「건축법 시행령」 제2조제17호에 따른 다중이용건축물<br>(주택단지에 건설된 건축물은 2.공동주택단지 규정 준용) | ● | ● |

제2장 착공 전 설계도 확인 및 사용 전 검사 기술기준 해설 및 질의답변
II. 방송통신설비의 기술기준에 관한 규정

| | | | |
|---|---|---|---|
| | 나. 가목에 해당하지 않는 지하층이 있는 건축물<br>(공중이 이용하는 지하도·터널·지하상가 및 지하에 설치하는 주차장 등 지하건축물을 포함) | ● | |
| 2. 공동주택 | 가. 500세대 이상의 주택단지에 건설된 주택 및 시설 | ● | ●주1) |
| | 나. 500세대 미만의 주택단지에 건설된 주택 및 시설<br>(연면적 합계 1,000㎡ 이상) | ● | |
| 3. 도시철도시설 | 도시철도시설주2) | ● | ●주3) |

주1) 건축주와 협의대표간 협의에 따라 이동통신구내중계설비를 설치하기로 한 동의 지상층(옥상 포함)을 말함
 2) 역사 및 역시설, 승강장, 선로구간으로서 「접지설비·구내통신설비·선로설비 및 통신공동구등에 대한 기술기준」[별표 7] 제3호 표준도 참고
 3) 도시철도시설의 선로구간이 지상층에 설치되는 경우에는 구내용 이동통신설비를 설치하지 않을 수 있음

### (적용 시 유의 사항)

● 사업자가 설치하는 이동통신구내중계설비는 건축물 내 전파음영 시뮬레이션을 통해 선정된 최적의 장소에 설치하고 건축주 등은 이동통신구내중계설비가 효율적으로 운용될 수 있도록 이동통신구내선로설비를 설계·시공해야 함

● 이동통신구내중계설비의 설치위치 및 설치방법은 기술기준규정 제24조의2 제1항에 따라 협의해야 하며, 협의결과는 [붙임 1]의 상호협의결과서를 통해 확인할 수 있음

● 건축물 지하층의 경우 인근 이동통신기지국으로부터의 전파도달이 불가능하기 때문에 기술기준에 적합한 구내용 이동통신설비를 설치하는 것이 원칙이나, 건축물의 구조와 용도, 예상되는 통신수요 등을 고려하여 다음과 같은 경우에는 설치하지 아니할 수 있음

- 다음의 요건을 모두 충족하는 곳으로서 지하층에 기계실이나 펌프실, 물탱크실 등이 설치되는 경우와 같이 유지관리 및 점검 등의 목적 외의 상시적인 지하층 출입을 필요로 하지 않는 경우
    - 상주인원이 없고 상시적 출입을 필요로 하지 않을 것
    - 잠금장치가 구비된 출입문을 설치하여 시설관리자에 의한 출입통제가 이루어질 것
    - 재난/사고 등의 발생을 조기에 인지하고 대응할 수 있는 수단(유선전화 등)을 갖출 것
- 「건축법」 제11조에 따른 건축허가 또는 「주택법」 제15조에 따른 사업계획승인을 받은 단독주택단지 내 개별주택의 연면적이 1,000㎡ 미만인 경우
    - 다만, 단독주택단지 내 개별주택의 전부 또는 일부의 지하가 연결되어 지하주차장 등으로 사용되는 경우에는 연결된 개별주택 부분의 전체 연면적 합계를 적용하여 1,000㎡ 이상이면 구내용 이동통신설비를 설치해야 함

● 본 해설서의 내용 외의 세부 사항에 대해서는 과학기술정보통신부에서 발간·배포한 「구내용 이동통신설비 설치의무화에 따른 기술기준 해설서」(2018.12.) 등을 참고

**(참고 사항)**

● 건축물의 건축계획 단계에서부터 사용승인(준공)에 이르기까지의 각 프로세스에 따른 건축주와 협의대표(이동통신사업자), 지방자치단체(검사권자)의 점검 및 확인 처리절차는 다음과 같음

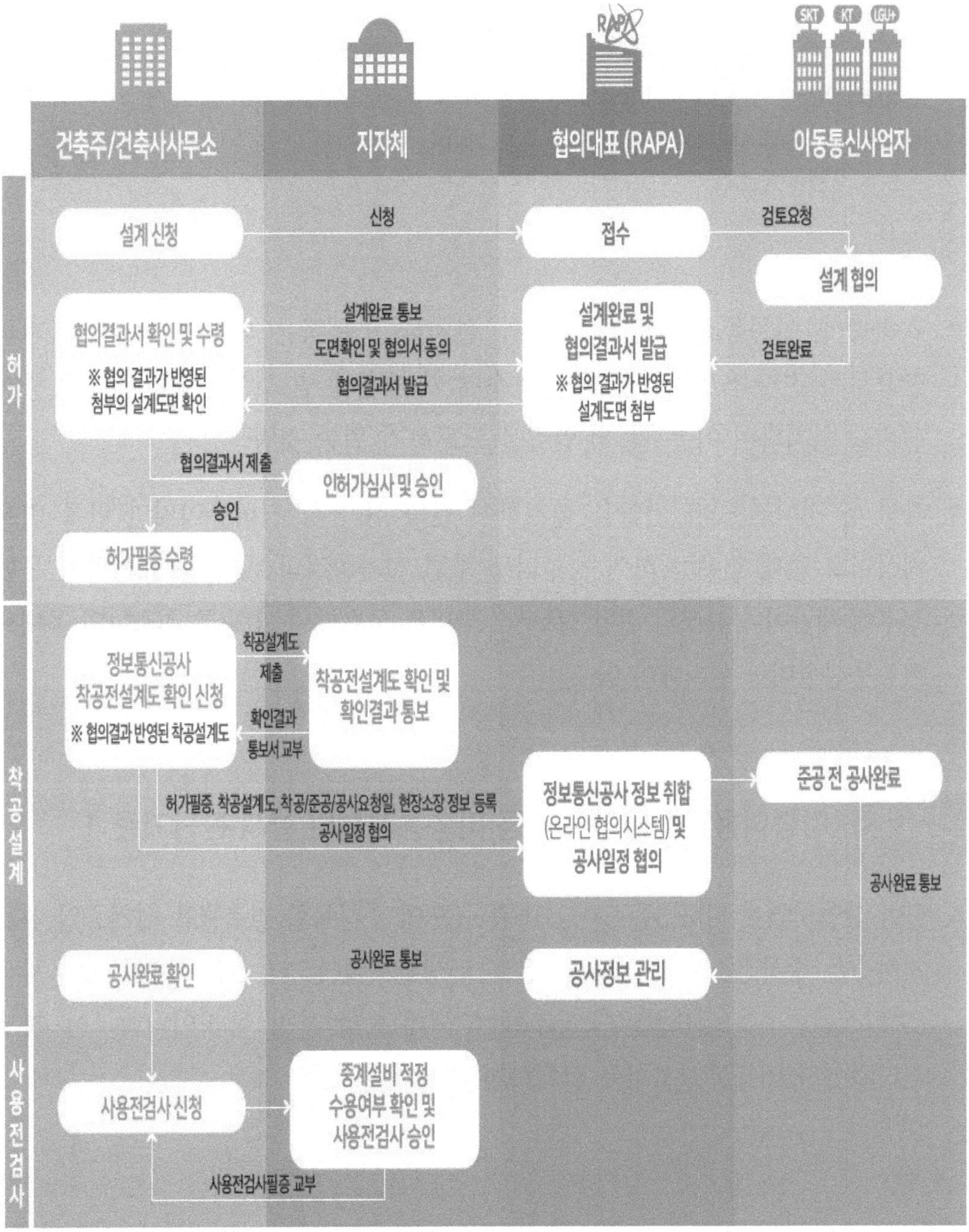

## 제2장 착공 전 설계도 확인 및 사용 전 검사 기술기준 해설 및 질의답변
### II. 방송통신설비의 기술기준에 관한 규정

### 질의 1    경사진 지하층의 이동통신구내선로설비 설치 관련

- 경사로 면에 설치된 건축물의 경우 주 출입구는 1층이지만 뒤쪽 면 일부분이 경사로 면에 덮여 지하층으로 건축허가 받은 경우에도 층수가 지하층이기 때문에 이동통신구내선로설비를 설치해야 하는지?

#### 답 변

- 지하층에 이동통신구내선로설비를 설치하는 목적은 외부 이동통신기지국만으로는 전파 음영지역을 해소할 수 없기 때문에 별도로 건축물 내부에 중계설비를 설치하여 이용자들의 안전을 도모하기 위한 것임

- 따라서, 경사진 곳에 건물을 설치하여 건축 허가 상 지하층이지만 한쪽 면은 지상이고 반대 면은 지하인 경우라도 주변 전파환경의 변화 등 예상하지 못한 경우에 재난이나 사고의 위험으로부터 국민을 보호할 수 있도록 최소한의 구내용 이동통신설비를 설치해야 함


### 질의 2    다중이용건축물의 구내용 이동통신설비 설치 판단기준 1

- 일반 상업지역에 지하 3층, 지상 16층 규모의 주상복합 건축물을 설계중입니다. 지하층은 주차장, 지상 1층~4층은 근린생활시설(상가), 5층~8층은 업무시설(오피스텔), 9층~16층은 공동주택(40세대)으로 분양 예정입니다. 이 경우 지하층에만 이동통신설비를 설치하면 되는지?

#### 답 변

- 해당 건축물이 「건축법」 관계법령에 따른 건축허가를 받은 경우에는 16층 이상의 다중이용건축물에 해당하므로 각 지하층과 각 지상층에 구내용 이동

통신설비를 설치해야 하나, 「주택법」 관계법령에 따른 사업계획승인을 받은 공동주택단지에 해당하는 경우에는 500세대 미만이므로 각 지하층에만 구내용 이동통신설비를 설치할 수 있음

- 참고로, 「국토의 계획 및 이용에 관한 법률 시행령」에 따른 준주거지용 또는 상업지역(유통상업지역 제외)에 300세대 미만의 주택과 주택 외의 시설을 동일 건축물로 건축하는 경우로서 해당 건축물의 연면적에서 주택의 연면적이 차지하는 비율이 90% 미만인 경우에는 「건축법」 제11조에 따른 건축허가 대상에 해당함

### 질의 3 다중이용건축물의 구내용 이동통신설비 설치 판단기준 2

- 연면적 합계 약 12,000㎡인 복합시설 건축을 계획하고 있습니다. 판매시설 4,500㎡, 근린생활시설 1,000㎡, 문화 및 집회시설 3,500㎡, 나머지 3,000㎡는 주차장입니다. 이 경우 지하층에만 이동통신설비를 설치해야 하는지?

#### 답변

- 「건축법 시행령」 제2조제17호에 따른 다중이용건축물은 같은 영 [별표 1]의 용도별 건축물에서 문화 및 집회시설, 종교시설, 판매시설, 운수시설(여객용), 의료시설(종합병원), 숙박시설(관광숙박시설) 중 어느 하나의 용도로 쓰이는 바닥면적의 합계가 5,000㎡ 이상인 건축물 또는 용도와 관계없이 16층 이상의 모든 건축물을 말함

- 해당 건축물은 다중이용건축물의 용도에 해당하는 판매시설과 문화 및 집회시설을 포함하고 있으나, 각의 바닥면적 합계가 5,000㎡ 미만이므로 용도의 관점에서는 다중이용건축물이 아닌 것으로 판단되며 이에 지하층에만 구내용 이동통신설비를 설치할 수 있음

- 다만, 해당 건축물이 16층 이상인 경우에는 용도와 무관하게 다중이용건축물에 해당하기 때문에 지상층과 지하층에 구내용 이동통신설비를 설치해야 함

- 다중이용건축물 해당 여부 판단이 어려운 경우에는 관계 부처인 국토교통부 또는 관할 지방자치단체의 건축 인·허가 담당자에게 문의하면 되며, 국토교통부 건축정책과 관련 민원회신(2017.11.6.) 내용은 다음과 같음

  - 「건축법 시행령」 제2조제17호에서 다중이용건축물에 대하여 규정하고 있으며 가목 중 1)부터 6)의 용도를 복합하여 5,000㎡ 이상으로 건축하더라도 각 용도로 쓰는 바닥면적이 5,000㎡ 미만이라면 다중이용건축물에 해당하지 않을 수 있음(16층 이상인 경우 이와 무관하게 다중이용건축물에 해당)

## ■ 설치방법(제18조)

> **제18조(설치 및 철거방법 등)** ① 구내통신선로설비 및 이동통신구내선로설비는 그 구성과 운영 및 사업용방송통신설비와의 접속이 쉽도록 설치하여야 한다.
> ② 구내통신선로설비의 옥외회선은 지하로 인입하여야 한다.
> ③ 구내통신선로설비를 구성하는 접지설비와 이동통신구내선로설비를 구성하는 접지설비는 공동으로 사용할 수 있도록 설치하여야 한다.
> ④ 구내통신선로설비를 구성하는 배관시설과 이동통신구내선로설비를 구성하는 배관시설은 공동으로 사용할 수 있도록 설치하여야 하며, 설치된 후 배선의 교체 및 증설시공이 쉽게 이루어질 수 있는 구조로 설치하여야 한다.
> ⑤ 제1항부터 제4항까지의 규정에 따른 구내통신선로설비 및 이동통신구내선로설비의 구체적인 설치방법 등에 대한 세부기술기준은 과학기술정보통신부장관이 정하여 고시한다.

### (의의)

- 구내통신선로설비 및 이동통신구내선로설비 설치기준을 제시하여 사업자 방송통신설비와의 원활한 접속 및 각 선로설비의 유지관리가 잘 이루어 질 수 있도록 함

### (해설)

- (제1항) 구내통신선로설비 및 이동통신구내선로설비는 이용자가 방송통신서비스를 제공받기 위한 설비로서 외부에서 인입되는 사업자의 방송통신설비와 접속이 쉽도록 구성하고 운영하여야 함

- (제2항) 옥외에 설치하는 구내통신선은 지하배관을 통해 설치해야 함

- (제3항) 구내통신선로설비 및 이동통신구내선로설비를 구성하는 접지설비는 공동으로 사용할 수 있어야 함

- (제4항) 구내통신선로설비 및 이동통신구내선로설비를 구성하는 배관설비는 공동으로 사용할 수 있어야 하며, 배관시설의 노후화에 따른 배선의 교체 및

통신 수요의 증가에 따른 배선의 증설이 쉽도록 설치하여 구내통신선의 유지 · 관리가 용이하도록 해야 함


## (적용 시 유의 사항)

- 제3항 및 제4항에 따라 구내통신선로설비와 이동통신구내선로설비의 접지설비와 배관시설을 공용하는 경우에는 접지설비의 기능이 저하되어서는 안 되며, 배관시설은 구내통신설비 기술기준 제28조제5항제2호의 규정에 적합해야 함

  – 배관의 내경은 배관에 수용되는 케이블 단면적의 총합계가 배관 단면적의 32% 이하가 되어야 함(제28조제5항제2호)

## ■ 구내통신실의 면적확보(제19조)

**제19조(구내통신실의 면적확보)** 「전기통신사업법」 제69조제2항에 따른 전기통신회선설비와의 접속을 위한 면적기준은 다음 각 호와 같다.
1. 업무용건축물에는 국선·국선단자함 또는 국선배선반과 초고속통신망장비, 이동통신망장비 등 각종 구내통신선로설비 및 구내용 이동통신설비를 설치하기 위한 공간으로서 다음 각 목의 구분에 따라 집중구내통신실과 층구내통신실을 확보하여야 한다.
   가. 집중구내통신실: 별표 2에 따른 면적확보 기준을 충족할 것
   나. 층구내통신실: 각 층별로 별표 2에 따른 면적확보 기준을 충족할 것
2. 주거용건축물 중 공동주택에는 별표 3에 따른 면적확보 기준을 충족하는 집중구내통신실을 확보하여야 한다.
3. 하나의 건축물에 업무용건축물과 주거용건축물 중 공동주택이 복합된 건축물에는 각각 별표 2 및 별표 3에 따른 면적확보 기준을 충족하는 집중구내통신실을 용도별로 각각 분리된 공간에 확보하여야 하며, 업무용건축물에 해당하는 부분에는 별표 2에 따른 면적확보 기준을 충족하는 층구내통신실을 확보하여야 한다. 다만, 업무용건축물에 해당하는 부분의 연면적이 500제곱미터 미만인 건축물로서 다음 각 목의 요건을 모두 충족하는 경우에는 집중구내통신실을 용도별로 분리하지 아니하고 통합된 공간에 확보할 수 있다.
   가. 집중구내통신실의 면적이 별표 2와 별표 3에 따른 면적확보 기준을 합산한 면적 이상일 것
   나. 집중구내통신실이 해당 용도별 전기통신회선설비와의 접속기능을 원활히 수행할 수 있을 것

[별표 2] 〈개정 2017. 4. 25.〉

### 업무용 건축물의 구내통신실면적확보 기준(제19조제1호 및 제3호 관련)

| 건축물 규모 | 확보대상 | 확보면적 |
|---|---|---|
| 1. 6층 이상이고 연면적 5천제곱미터 이상인 업무용 건축물 | 가. 집중구내통신실 | 10.2제곱미터 이상으로 1개소 이상 |
| | 나. 층구내통신실 | 1) 각 층별 전용면적이 1천제곱미터 이상인 경우에는 각 층별로 10.2제곱미터 이상으로 1개소 이상<br>2) 각 층별 전용면적이 800제곱미터 이상인 경우에는 각 층별로 8.4제곱미터 이상으로 1개소 이상<br>3) 각 층별 전용면적이 500제곱미터 이상인 경우에는 각 층별로 6.6제곱미터 이상으로 1개소 이상<br>4) 각 층별 전용면적이 500제곱미터 미만인 경우에는 각 층별로 5.4제곱미터 이상으로 1개소 이상 |

| | | |
|---|---|---|
| 2. 제1호 외의 업무용 건축물 | 집중구내통신실 | 건축물의 연면적이 500제곱미터 이상인 경우 10.2 제곱미터 이상으로 1개소 이상. 다만, 500제곱미터 미만인 경우는 5.4제곱미터 이상으로 1개소 이상. |

비고
1. 같은 층에 집중구내통신실과 층구내통신실을 확보하여야 하는 경우에는 집중구내통신실만을 확보할 수 있다.
2. 층별 전용면적이 500제곱미터 미만인 경우로서 각 층별로 통신실을 확보하기가 곤란한 경우에는 하나의 층구내통신실에 2개층 이상의 통신설비를 통합하여 수용할 수 있다. 이 경우 층구내통신실 확보면적은 통합 수용된 각 층의 전용면적을 합하여 위 표 제1호 중 층구내통신실의 확보면적란의 기준을 적용한다.
3. 같은 층에 층구내통신실을 2개소 이상으로 분리 설치하려는 경우에는 층구내통신실의 면적은 최소 5.4제곱미터 이상이어야 한다.
4. 집중구내통신실은 외부환경에 영향이 적은 지상에 확보되어야 한다. 다만, 부득이한 사유로 지상확보가 곤란한 경우에는 침수우려가 없고 습기가 차지 아니하는 지하층에 설치할 수 있다.
5. 집중구내통신실에는 조명시설과 통신장비전용의 전원설비를 갖추어야 한다.
6. 각 통신실의 면적은 벽이나 기둥 등을 제외한 면적으로 한다.
7. 집중구내통신실의 출입구에는 잠금장치를 설치하여야 한다.

**[별표 3]** 〈개정 2017. 4. 25.〉

### 공동주택의 구내통신실면적확보 기준(제19조제2호 및 제3호 관련)

| 구분 | 확보면적 |
|---|---|
| 1. 50세대 이상 500세대 이하 단지 | 10제곱미터 이상으로 1개소 |
| 2. 500세대 초과 1,000세대 이하 단지 | 15제곱미터 이상으로 1개소 |
| 3. 1,000세대 초과 1,500세대 이하 단지 | 20제곱미터 이상으로 1개소 |
| 4. 1,500세대 초과 단지 | 25제곱미터 이상으로 1개소 |

비고
1. 집중구내통신실은 외부환경에 영향이 적은 지상에 확보되어야 한다. 다만, 부득이한 사유로 지상 확보가 곤란한 경우에는 침수우려가 없고 습기가 차지 아니하는 지하층에 설치할 수 있다.
2. 집중구내통신실에는 조명시설과 통신장비전용의 전원설비를 구비하여야 한다.
3. 각 통신실의 면적은 벽이나 기둥 등을 제외한 면적으로 한다.
4. 집중구내통신실의 출입구에는 잠금장치를 설치하여야 한다.

**(의의)**

- 업무용이나 주거용 건축물 내 통신설비의 설치 및 유지보수 등을 위한 적정 수준의 통신공간을 마련하고 안정적인 통신설비의 운영과 통신서비스를 제공하기 위함

**(해설)**

- 업무용 건축물의 경우 해당건물의 구내통신실 확보기준을 층 수 및 연면적 규모에 따라 집중구내통신실과 층구내통신실로 세분화하고 동일 층 내 집중구내통신실 및 층구내통신실의 확보 우선순위, 층구내통신실의 통합 수용 조건, 집중구내통신실의 확보 환경 및 설비 구비 요건 등을 규정

    ※ 업무용 건축물 : 「건축법 시행령」 [별표 1] 제14호에 따른 업무시설
    　가. 공공업무시설 : 국가 또는 지방자치단체의 청사와 외국공관의 건축물로서 제1종 근린생활시설에 해당하지 아니하는 것
    　나. 일반업무시설 : 다음 요건을 갖춘 업무시설을 말한다.
    　　1) 금융업소, 사무소, 결혼상담소 등 소개업소, 출판사, 신문사, 그 밖에 이와 비슷한 것으로 제1종 근린생활시설 및 제2종 근린생활시설에 해당하지 않는 것
    　　2) 오피스텔(업무를 주로 하며, 분양하거나 임대하는 구획 중 일부 구획에서 숙식을 할 수 있도록 한 건축물로서 국토교통부장관이 고시하는 기준에 적합한 것을 말한다)

- 주거용 건축물 중 공동주택의 경우 세대 수 규모에 따라 집중구내통신실을 1개소 이상 확보하도록 규정

    ※ 공동주택 : 「건축법 시행령」 [별표 1] 제2호에 따른 공동주택
    공동주택의 형태를 갖춘 가정어린이집·공동생활가정·지역아동센터·노인복지시설(노인복지주택은 제외한다) 및 「주택법 시행령」 제10조제1항제1호에 따른 원룸형 주택을 포함한다. 다만, 가목이나 나목에서 층수를 산정할 때 1층 전부를 필로티 구조로 하여 주차장으로 사용하는 경우에는 필로티 부분을 층수에서 제외

하고, 다목에서 층수를 산정할 때 1층의 전부 또는 일부를 필로티 구조로 하여 주차장으로 사용하고 나머지 부분을 주택 외의 용도로 쓰는 경우에는 해당 층을 주택의 층수에서 제외하며, 가목부터 라목까지의 규정에서 층수를 산정할 때 지하층을 주택의 층수에서 제외한다.

가. 아파트 : 주택으로 쓰는 층수가 5개 층 이상인 주택

나. 연립주택 : 주택으로 쓰는 1개 동의 바닥면적(2개 이상의 동을 지하주차장으로 연결하는 경우에는 각각의 동으로 본다) 합계가 660제곱미터를 초과하고, 층수가 4개 층 이하인 주택

다. 다세대주택: 주택으로 쓰는 1개 동의 바닥면적 합계가 660제곱미터 이하이고, 층수가 4개 층 이하인 주택(2개 이상의 동을 지하주차장으로 연결하는 경우에는 각각의 동으로 본다)

라. 기숙사: 학교 또는 공장 등의 학생 또는 종업원 등을 위하여 쓰는 것으로서 1개 동의 공동취사시설 이용 세대 수가 전체의 50퍼센트 이상인 것(「교육기본법」 제27조제2항에 따른 학생복지주택을 포함한다)

- 하나의 건축물에 업무시설과 공동주택이 복합된 건축물은 원칙적으로 [별표 2] 및 [별표 3]에 따라 각 용도별 집중구내통신실 및 층구내통신실을 확보해야 하나, 업무시설에 해당하는 부분의 연면적이 500㎡ 미만인 경우에 한하여 다음 요건에 따라 집중구내통신실을 통합하여 설치할 수 있도록 허용하고 다변화되는 건축물의 구조를 반영함

  - 통합된 집중구내통신실의 면적이 [별표 2]와 [별표 3]에 따른 면적확보 기준을 합산한 면적 이상일 것

  - 통합된 집중구내통신실이 해당 용도별 전기통신 회선설비와의 접속기능을 원활하게 수행할 수 있을 것

**(적용 시 유의 사항)**

- 집중구내통신실 및 층구내통신실은 방송통신서비스를 위한 접속설비 및 전송설비(통신케이블, 교환/전송설비, 전원설비, 접속설비 등과 그 부대설비 등)

가 설치되기 위한 공간으로 TPS(Telecommunication Pipe Shaft; 통신배관)와 공용될 수 없음

- 다만, 건물간선계를 구성하는 TPS의 위치선 상에 층구내통신실이 설치되어 층구내통신실에서 통신배관 및 배선 등의 통신설비를 관리할 수 있는 경우에는 사용이 가능함. 이 경우 통신설비의 설치 및 유지·보수에 지장이 없도록 규정된 층구내통신실의 면적에 추가적으로 TPS 용도를 위한 면적을 충분히 고려해야 함

● 구내통신실은 통신설비 및 통신서비스의 유지·보수를 위한 목적을 갖는 것으로 외부인의 무단출입을 방지하기 위한 보안 잠금장치를 설치해야 함

- 나사 또는 못 등을 이용하여 출입문을 막아서는 안 됨

● [별표 2]의 비고 2)에 따라 업무용 건축물의 층별 전용면적이 500㎡ 미만인 경우에는 2개 층 이상의 통신설비를 통합 수용할 수 있는 하나의 층구내통신실을 설치할 수 있으나,

- 배관 및 배선 시설의 설치 용이성, 굴곡 개소의 수에 따른 배선 성능 저하 그리고 향후 증설이나 유지·보수 등을 위하여 통합수용 하고자 하는 층의 수를 고려해야 하며, 건축물 전체 층에 대한 통합 층구내통신실은 바람직하지 않음

### 질의 1    동일 건축주인 분할된 필지 2개 건축물의 통신인입 및 MDF 설치 관련

- 필지가 분할된 지역에 동일 건축주가 2개의 건물을 지을 때 각각의 통신인입 및 MDF(Main Distribution Frame; 주배선반) 설치를 고려해야 하는지? 상부 브리지를 통해 연결되는 2개의 건물은 각각 사업승인 예정이며 건설사는 다를 수 있음

### 답변

- 다음과 같이 「전기통신사업법 시행령」 제8조에서 규정하고 있는 구내의 범위에 해당되는 경우에 인입배관 및 MDF실의 공동사용이 가능할 수도 있으나,

  ※ 구내의 범위 : 하나의 건축물, 하나의 부지(1명이 소유하거나 2명 이상이 공유한 경우로 한정)와 그 부지 안의 건축물, 1명이 점유한 둘 이상의 건축물과 그 부지(건축물 상호간 직선거리가 500m 이내), 상기한 건축물 또는 부지와 인접한 건축물 또는 부지로서 과학기술정보통신부장관이 고시한 구역

- 건축물은 2개의 필지로 구성되고 건물이 각각 승인예정인 점을 감안할 때, 2개의 건축물에 하나의 집중구내통신실을 설치하는 것은 기술기준규정과 부합되지 않음

  - 추후 각종 방송통신설비의 설치 및 유지보수에도 어려움이 따를 것으로 판단됨

- 또한 향후 건축물의 소유자 또는 용도가 변경되는 경우 인입선로의 책임한계 및 재산권 분쟁 시 해결의 어려움 등 비용부담에 관하여 소유주간 분쟁이 예상되는 바, MDF실 및 인입배관을 각각 개별 구축하여야 함

### 질의 2    기타건축물(근린생활시설, 상업용시설 등)의 구내통신실 면적 확보 관련

- 업무용 또는 주거용이 아닌 건축물의 경우에 집중구내통신실 면적산정을 어떻게 해야 하는지?

**답 변**

- 기술기준규정 제19조 및 [별표 2]와 [별표 3]에서는 업무용 건축물 및 주거용 건축물(공동주택)의 구내통신실 면적 확보 기준을 규정하고 있으나 그 외 기타건축물인 경우에는 별도의 구내통신실 면적 확보 규정을 두고 있지 않음

  - 하지만, 방송통신설비 설치 및 원활한 유지보수를 위하여 적절한 공간을 확보할 것을 권장함

### 질의 3    층구내통신실 분리 설치 관련

- 좌우가 대칭이 되는 오피스텔 시공 시 층구내통신실이 엘리베이터 및 계단실 등으로 중간의 위치에 놓이지 못하고 좌측 또는 우측에 치우쳐서 위치하게 될 경우 좌측과 우측에 각각 층구내통신실을 놓아도 되는지?
- 층 전용면적이 1,000㎡ 이상의 경우 층구내통신실이 10.2㎡씩 2개소가 되어야 하는지 아니면 최소 5.4㎡ 크기로 2개소를 설치해야 하는지?

**답 변**

- 기술기준규정 제19조 및 [별표 2]에 따라 업무용 건축물(오피스텔 포함)의 각 층별 전용면적이 1,000㎡ 이상인 경우에는 각 층별로 10.2㎡ 이상의 층구내통신실을 1개소 이상 설치해야 함

  - 단, 같은 층에 층구내통신실을 2개소 이상으로 분리설치하는 경우에는 각

층구내통신실의 면적을 최소 5.4㎡ 이상이어야 함

- 따라서, 동일 층에 층구내통신실을 2개소 이상으로 분리할 경우에는 각각 5.4㎡ 이상의 면적을 갖는 층구내통신실을 설치해야 함

## 질의 4   집중구내통신실의 지하층 설치 관련

- 일반적으로 지하층은 침수와 습기의 우려가 있는데 집중구내통신실을 지하에 설치하고 배수펌프와 제습기 등의 장비를 구비하는 경우 사용 전 검사에서 문제가 없는 것인지?

### 답 변

- 기술기준규정 제19조 및 [별표 2]와 [별표 3]의 비고를 통해 집중구내통신실은 외부환경에 영향이 적은 지상에 확보하는 것을 원칙으로 하되, 지상 확보가 곤란한 경우 침수우려가 없고 습기가 차지 아니하는 지하층에 설치 할 수 있도록 규정하고 있음

- 따라서, 배수펌프 및 습기와 빗물 대책을 위한 장비가 설치되었을 경우 집중구내통신실을 지하층에 설치할 수도 있으며 사용 전 검사 시 이에 대한 검사를 수행함

## 질의 5   아파트형 공장의 구내통신실 면적 확보 관련

- 시공 중인 아파트형 공장의 TPS 면적이 5.5㎡일 경우, 사용 전 검사 시 당 현장의 아파트형 공장을 업무용 기준으로 적용하여야 하는지?

## 답변

- 기술기준규정 제19조 관련 [별표 2]에서는 업무용 건축물에 대한 층구내통신실 면적을 규정하고 있으나, 「건축법 시행령」 [별표 1]의 건축물의 용도 분류에 따른 아파트형 공장에 대해서는 규정하고 있지 않음

- 따라서, 건축허가를 공장 용도로 받은 경우 별도의 층구내통신실 확보 면적 기준을 적용받지 않음
  - 하지만, 방송통신설비 설치 및 원활한 유지보수가 가능하도록 충분한 면적을 확보할 것을 권장함

### 질의 6  통신실 면적 산정방식 관련

- 통신실 면적 확보 시 벽체의 중심선을 기준으로 한 면적으로 계산하여야 하는지? 아니면, 벽체를 제외한 실 면적을 기준으로 해야 하는지에 대한 명확한 기준이 있는지?

## 답변

- 기술기준규정 제19조제1호 관련 [별표 2]의 비고 6에서는 각 통신실의 면적은 벽이나 기둥 등을 제외한 면적으로 한다고 규정함

### 질의 7  근린생활시설의 업무용 건축물 기준적용 여부

- 8층짜리 복합건물이고, 용도는 근린생활시설로 5층만 업무용 시설인데, 업무용 건축물에 대한 규정에 따라 집중구내통신실을 설치해야 하는지?

## 답변

- 근린생활시설의 경우 주거용 건축물과 업무용 건축물에 해당되지 아니하며, 이 경우 집중구내통신실 설치 대상이 아님

    - 단, 기술기준규정 제20조(회선 수)에 의한 구내회선의 수는 용도를 감안하여 주거용 또는 업무용 건축물 기준을 신축적으로 적용할 수 있음

- 하지만, 건축물 중 업무시설이 포함된 경우(5층의 경우) 그 층은 업무용 건축물에 적합한 구내통신선로설비를 갖추어야 함

    - 건축물의 면적 중 업무시설에 해당하는 면적에 적합한 집중구내통신실을 갖추어야 함

        ※ 해당 층이 500㎡ 이상인 경우 : 10.2㎡ 이상 1개소 이상
        해당 층이 500㎡ 미만인 경우 :  5.4㎡ 이상 1개소 이상

### 질의 8 | 층별 통신실 확보 관련

- 기술기준규정 제19조 관련 [별표 2]의 비고 2에서 '층별로 통신실 확보가 곤란한 경우 2개 층 이상의 통신설비를 통합하여 수용할 수 있다'는 내용 중 2개 층 이상이면 몇 개 층 까지 통합수용이 가능한지?

## 답변

- 시공 여건 상 한 층에 여러 층의 층구내통신실을 통합하여 확보하는 것이 공간 활용상 유리한 경우가 있어 이를 허용한 것임

- 복수 층의 층구내통신실의 통합에 대한 기준은 층별 전용면적이 500㎡ 미만인 경우로 한정하고 있으며 또한 통합 층구내통신실의 확보 면적은 통합 수용된 각 층의 전용면적을 합하여 [별표 2]의 제1호의 층구내통신실 확보 면적 기준을

적용해야 함

- 통합 수용하고자 하는 층의 최대 범위에 대하여 규정하고 있지는 않으나 구내통신선로설비의 설치와 수용, 정보통신서비스의 품질확보 등을 위하여 3~5개 층 이내를 권장하며, 건축물 전체 층에 대한 통합 층 구내통신실은 바람직하지 않음

### 질의 9  MDF(주배선반)실 안에 장비 공동 설치 가능 여부

- MDF실 내에 홈네트워크용 단지서버 및 공청수신설비를 같이 설치하여도 사용 전 검사 및 초고속정보통신인증에 문제가 없는지?

#### 답 변

- 기술기준규정 제19조에서 규정한 집중구내통신실(MDF실)은 국선·국선단자함 또는 국선배선반과 초고속통신망장비 등 각종 구내통신용 설비를 설치하기 위한 공간이므로 상호 누화 등으로 인한 통신소통에 지장이 없는 경우에는 홈네트워크용 단지서버 및 방송 공동수신설비를 같이 수용할 수 있음

  - 단, 홈네트워크용 단지서버 또는 방송공동수신설비 등을 집중구내통신실에 수용하는 경우에는 이를 위한 충분한 설치공간(각 설비별 최소 3㎡ 이상)을 추가로 확보해야 함

  - 방송통신서비스와 관련되지 않는 시설은 집중구내통신실에 설치 할 수 없음

### 질의 10  증축 건물에 대한 구내통신실 구축 여부

- 업무용 건축물로서 증축인 경우 기존 구내통신실에 수용할 수 있는지 아니면 별도의 통신실을 구축해야 하는지?
- 공동주택 신축 시에는 구내통신실 확보대상이 아니었지만 증축으로 인해 구내통신실 확보대상이 되었다면 구내통신실을 구축해야 하는가?

**답 변**

- 구내통신실의 면적 확보 규정은 건물 내에 설치된 통신설비의 설치 및 유지보수 등을 위한 적정 수준의 통신공간을 마련하여 안정적인 통신설비의 운영과 원활한 통신 서비스를 제공하기 위한 규정임
- 업무용 건축물을 증축할 경우 기축 건축물과 증축 건축물의 합산 연면적에 대해 구내통신실 면적 확보 기준을 만족해야 함
- 공동주택에서 증축으로 인해 구내통신실 확보대상이 되었을 경우 기축 건축물의 연면적(세대 수)이 포함된 것으로 판단되며 기축 건축물을 포함한 증축 건축물도 현재의 구내통신설비 기술기준을 만족하여야 하므로 구내통신실을 확보해야 하는 것이 타당함

### 질의 11  복합 건축물의 구내통신실 확보 기준 적용 여부

- 하나의 건축물에 주거(공동주택) 및 비주거(업무시설) 시설이 공존하는 등의 복합 건축물이 증가하는 추세인데 구내통신실 확보 기준을 층별로 구분하여 적용하여야 하는지? 건축물의 주용도로 건축물 전체를 적용해야 하는지?

제2장 착공 전 설계도 확인 및 사용 전 검사 기술기준 해설 및 질의답변
Ⅱ. 방송통신설비의 기술기준에 관한 규정

## 답변

- 기술기준규정 제19조에서는 업무용 건축물과 공동주택에 통신회선설비와의 접속을 위한 구내통신실 면적을 확보하도록 규정되어 있음

- 하나의 건축물에 공동주택과 업무시설이 공존하는 복합 건축물은 원칙적으로 [별표 2] 및 [별표 3]에 따라 각 용도별 별도의 구내통신실 면적을 확보해야 함. 다만, 업무시설에 해당하는 부분의 연면적이 500㎡ 미만인 경우에 한하여 집중구내통신실을 하나로 통합 설치할 수 있으며 다음 요건을 충족해야 함

    - 통합설치한 집중구내통신실의 면적이 [별표 2]와 [별표 3]에 따른 면적확보 기준을 합산한 면적 이상일 것

    - 통합설치한 집중구내통신실이 해당 용도별 전기통신회선설비와의 접속 기능을 원활하게 수행할 수 있을 것

### 질의 12 | 주거용 오피스텔의 구내통신실 확보 기준 적용 여부

- 주거용 오피스텔은 공동주택의 구내통신실 확보면적 기준을 적용하는지?

## 답변

- 오피스텔은 「건축법 시행령」 [별표 1]의 건축물 용도 분류 상 업무시설에 해당하므로 주거용도라 하더라도 기술기준규정 제19조 관련 [별표 2]의 업무용 건축물 구내통신실 면적확보 기준에 주어진 분류방식에 따라 구내통신실 면적을 확보해야 함

## 질의 13  코어로 분리된 하나의 건축물의 층구내통신실 확보 방법

- 하나의 건축물이 코어별로 구성되어 같은 층이라도 인접한 코어와 분리된 구조인 경우 해당 층에 하나의 층구내통신실만 설치할 수 있는지?

### 답 변

- 층구내통신실은 해당 층 전체에 통신서비스를 제공하기 위한 구내통신선로설비 등을 설치하기 위한 목적을 가지고 있음

- 하지만 코어 구성에 따라 인접한 코어간 배관 및 배선의 설치가 불가능한 밀폐구조를 갖는 경우 어느 하나의 층구내통신실을 통해 해당 층 전체를 서비스할 수 없으므로 각 코어별 층구내통신실을 별도로 설치해야 하며, 기술기준규정 [별표 2]의 제3호 규정에 따라 분리 설치하는 각 층구내통신실은 최소 $5.4㎡$ 이상의 면적을 확보해야 함

## ■ 회선 수(제20조)

**제20조(회선 수)** ① 구내통신선로설비에는 다음 각 호의 사항에 지장이 없도록 충분한 회선을 확보하여야 한다.
  1. 구내로 인입되는 국선의 수용
  2. 구내회선의 구성
  3. 단말장치 등의 증설
② 제1항의 규정에 따라 확보하여야 하는 최소 회선 수의 기준은 별표 4와 같다.

[별표 4] 〈개정 2017. 4. 25.〉

### 구내통신 회선 수 확보기준(제20조제2항 관련)

| 대상건축물 | 회선 수 확보기준 |
|---|---|
| 1. 주거용건축물 | 다음 각 목의 기준 중 어느 하나 이상을 충족할 것<br>가. 국선단자함에서 세대단자함 또는 인출구까지 단위세대당 1회선(4쌍 꼬임케이블 기준) 이상 또는 광섬유케이블 2코아 이상<br>나. 광다중화 기능을 갖는 국선단자함과 동단자함이 있는 경우에는 국선단자함에서 동단자함까지 광섬유케이블 8코아 이상, 동단자함에서 세대단자함이나 인출구까지 단위세대당 1회선(4쌍 꼬임케이블 기준) 이상 또는 광섬유케이블 2코아 이상 |
| 2. 업무용건축물 | 다음 각 목의 기준 중 어느 하나 이상을 충족할 것<br>가. 국선단자함에서 세대단자함 또는 인출구까지 업무구역(10제곱미터) 당 1회선(4쌍 꼬임케이블 기준) 이상 또는 광섬유케이블 2코아 이상<br>나. 광다중화 기능을 갖는 국선단자함과 동단자함이 있는 경우에는 국선단자함에서 동단자함까지 광섬유케이블 8코아 이상, 동단자함에서 세대단자함이나 인출구까지 업무구역(10제곱미터) 당 1회선(4쌍 꼬임케이블 기준) 이상 또는 광섬유케이블 2코아 이상 |

비고
1. 위 표 제1호 및 제2호 외의 건축물은 건축물의 용도를 고려하여 위 표 제1호 또는 제2호에 따른 회선 수 확보기준을 신축적으로 적용할 수 있다.
2. 위 표에서 "세대단자함"이란 세대에 인입되는 통신선로 등의 배선을 효율적으로 분배·접속하기 위하여 이용자의 주거 용도로만 쓰이는 실내공간에 설치되는 분배함을 말한다.
3. 위 표에서 "동단자함"이란 건물 상호간을 연결하는 통신케이블과 건물 내 수직 구간을 연결하는 통신케이블을 종단하여 상호 연결하는 통신용 분배함을 말한다.

**(의의)**

- 이용자가 건축물의 용도를 고려하여 구내통신서비스에 지장이 없는 최소 회선 수를 확보할 수 있도록 함

**(해설)**

- 구내선로는 국선의 수용, 구내회선의 구성 및 향후 단말장치 등의 증설을 고려하여 [별표 4]에 따른 충분한 회선 수를 확보하여야 함

- 국선단자함과 동단자함이 국선과 구내선간 전-광 변환 또는 광-전 변환 기능 및 1:N(N:1)의 다중화 기능을 갖는 경우에는 국선단자함에서 동단자함까지, 즉 구내간선구간에는 광섬유케이블 8코아 이상만 설치할 수 있음

**(적용 시 유의 사항)**

- 회선 수 기준은 음성과 데이터 등의 용도를 구분하고 있지 않음

- 오피스텔의 경우 주거용도로 사용한다고 하더라도 「건축법 시행령」 [별표 1]의 제14호에 따른 업무시설에 해당하므로 단위세대 기준이 아닌 업무구역($10m^2$)을 기준으로 회선 수를 확보해야 함

- 관광숙박시설 및 근린생활시설 등은 주거용 또는 업무용 건축물이 아닌 기타 건축물로 분류되므로 회선 수 확보 시 용도를 감안하여 [별표 4]의 기준을 신축적으로 적용할 수 있음

제2장 착공 전 설계도 확인 및 사용 전 검사 기술기준 해설 및 질의답변
II. 방송통신설비의 기술기준에 관한 규정

### 질의 1   관광숙박시설의 업무용 건축물 기술기준 적용 여부

- 관광숙박시설은 기술기준규정의 업무용 건축물 기준을 따라야 하는지, 주거용 건축물(공동주택) 기준을 따라야 하는지?

#### 답 변

- 기술기준규정 제20조 [별표 4]에서는 주거용 건축물과 업무용 건축물로 분류하여 일정 기준 이상의 구내통신 회선 수를 확보 하도록 규정하고 있음

- 관광숙박시설의 경우 주거용 또는 업무용 건축물이 아닌 기타건축물이므로 용도를 감안하여 [별표 4]의 회선 수 기준을 신축적으로 적용할 수 있음

    - 숙박시설의 경우 주거시설과 유사하게 각 실의 구분이 있으며, 용도 또한 주거 시설과 유사한 특성이 있으므로, 주거용 건축물에 적합하게 구성하여야 함

    - 숙박시설이 숙소와 다른 용도의 시설(회의실, 식당, 사무실 등)과 복합적으로 구성된 경우에는 용도별로 구분하여 적용하여야 함

### 질의 2   업무용 건축물의 회선 수 구성 관련

- 업무용 건축물의 회선 수 구축과 관련하여, MDF실에서 업무구역까지 1:1로 회선을 구축해야 하는 것인지?

    - 또는 TPS에서 업무구역까지 1:1로 구축해야 하는지?

    - 아니면 업무구역(10㎡) 당 1회선 이상 혹은 광섬유케이블 2코아 이상만 있으면 되는 것인지?

## 답변

- 기술기준규정 제20조 관련 [별표 4]의 제2호에는 업무용 건축물의 구내 통신 회선 수 확보 기준을 규정하고 있으며, 국선단자함에서 세대단자함 또는 인출구 구간까지 각 업무구역(10㎡) 당 1회선 이상(4쌍 꼬임케이블 기준) 또는 광섬유케이블 2코아 이상을 확보해야 함

- 따라서, 국선단자함 또는 집중구내통신실의 MDF에서 각 세대단자함 또는 각 인출구까지 1:1 구성을 통해 4쌍 꼬임케이블 1회선 또는 광섬유케이블 2코아 이상을 설치하여야 함

    - 다만, 캠퍼스 형태로서 광다중화 기능을 갖는 국선단자함(MDF실)에서 각 동단자함까지 구내간선구간을 형성하는 경우에는 해당 구간에 광섬유케이블 8코아 이상만을 설치하고 동단자함에서 세대단자함 또는 인출구까지 업무구역(10㎡) 당 4쌍 꼬임케이블 1회선 이상 또는 광섬유케이블 2코아 이상을 설치할 수 있음

# III. 접지설비·구내통신설비·선로설비 및 통신공동구 등에 대한 기술기준

[국립전파연구원고시 제2018-30호, 2018.12.24]

## 1. 보호기성능 및 접지설비 설치방법

### ■ 접지저항 등(제5조)

**제5조(접지저항 등)** ① 교환설비·전송설비 및 통신케이블과 금속으로 된 단자함(구내통신단자함, 옥외분배함 등)·장치함 및 지지물 등이 사람이나 방송통신설비에 피해를 줄 우려가 있을 때에는 접지단자를 설치하여 접지하여야 한다.
② 통신관련시설의 접지저항은 10Ω 이하를 기준으로 한다. 다만, 다음 각호의 경우는 100Ω 이하로 할 수 있다.
  1. 선로설비중 선조·케이블에 대하여 일정 간격으로 시설하는 접지(단, 차폐케이블은 제외)
  2. 국선 수용 회선이 100회선 이하인 주배선반
  3. 보호기를 설치하지 않는 구내통신단자함
  4. 구내통신선로설비에 있어서 전송 또는 제어신호용 케이블의 쉴드 접지
  5. 철탑이외 전주 등에 시설하는 이동통신용 중계기
  6. 암반 지역 또는 산악지역에서의 암반 지층을 포함하는 경우등 특수 지형에의 시설이 불가피한 경우로서 기준 저항값 10Ω을 얻기 곤란한 경우
  7. 기타 설비 및 장치의 특성에 따라 시설 및 인명 안전에 영향을 미치지 않는 경우
③ 통신회선 이용자의 건축물, 전주 또는 맨홀 등의 시설에 설치된 통신설비로서 통신용 접지시공이 곤란한 경우에는 그 시설물의 접지를 이용할 수 있으며, 이 경우 접지저항은 해당 시설물의 접지 기준에 따른다. 다만, 전파법시행령 제25조의 규정에 의하여 신고하지 아니하고 시설할 수 있는 소출력중계기 또는 무선국의 경우, 설치된 시설물의 접지를 이용할 수 없을 시 접지하지 아니할 수 있다.
④ 접지선은 접지 저항값이 10Ω 이하인 경우에는 2.6mm이상, 접지 저항값이 100Ω 이하인 경우에는 직경 1.6mm 이상의 파·브이·씨 피복 동선 또는 그 이상의 절연효과가 있는 전선을 사용하고 접지극은 부식이나 토양오염 방지를 고려한 도전성 재료를 사용한다. 단, 외부에 노출되지 않는 접지선의 경우에는 피복을 아니할 수 있다.
⑤ 접지체는 가스, 산 등에 의한 부식의 우려가 없는 곳에 매설하여야 하며, 접지체 상단이 지표로부터 수직 깊이 75㎝ 이상되도록 매설하되 동결심도보다 깊도록 하여야 한다.
⑥ 사업용방송통신설비와 전기통신사업법 제64조의 규정에 의한 자가전기통신설비 설치자는 접지

> 저항을 정해진 기준치를 유지하도록 관리하여야 한다.
> ⑦ 다음 각 호에 해당하는 방송통신관련 설비의 경우에는 접지를 아니할 수 있다.
>   1. 전도성이 없는 인장선을 사용하는 광섬유케이블의 경우
>   2. 금속성 함체이나 광섬유 접속등과 같이 내부에 전기적 접속이 없는 경우

## (의의)

- 벼락이나 강전류전선과의 접촉 등에 의한 원치 않는 과전압 및 과전류의 유입과 전기적 잡음으로부터 시스템을 안정적으로 동작하게 하고 전기적 충격으로부터 인명을 보호하기 위한 접지저항 기준 명시함

## (해설)

- (제1항) 방송통신설비중 금속으로 되어 벼락 및 과전압, 과전류의 유입 시 인명 또는 설비에 피해를 줄 우려가 있는 경우 접지를 하여야 함

  – 접지단자를 설치하여 접지 접속부의 유지·관리가 용이하도록 하여야 함

- (제2항) 통신설비의 안정적인 운용 및 인명안전을 위해 설치하는 접지저항은 기본적으로 10Ω 이하를 원칙으로 하고, 그 외 차폐 등을 위해 설치하는 제1호 내지 제7호에 해당하는 경우는 100Ω 이하로 시설토록 함

- (제3항) 별도의 통신용 접지를 시공하기 곤란한 경우에는 기존에 설치된 시설물의 접지(전기, 건물, 피뢰 등)를 이용할 수 있음

  – 이 경우 접지저항은 해당 시설물의 접지기준에 따름

- (제4항) 접지선에 의한 저항값 증가를 고려하여 접지저항이 10Ω 이하인 경우에 접지선은 2.6㎜ 이상 굵기, 100Ω 이하인 경우에는 1.6㎜ 이상 굵기의 동선을 사용

  – 피복은 PVC 또는 그 이상의 절연효과가 있는 것을 사용하여야하며, 외부에

노출되지 않는 접지선의 경우에는 피복이 없는 접지선 사용이 가능함

- 접지극의 선정 시 부식에 따른 접지저항 증가를 방지하고 접지극에 의한 토양오염이 없는 도전성 재료를 사용

● (제5항) 접지체가 가스 및 산 등에 노출되는 경우 부식에 의해 접지저항이 상승될 가능성이 있으므로 가스 및 산 등에 의한 부식의 우려가 없는 장소에 접지체를 매설

- 접지체의 매설방법은 접지체 상단이 최소 지표로부터 수직 깊이 75㎝ 이상 되도록 매설하여야 함

- 75㎝는 우리나라 지형의 특성상 겨울에 동결되는 지표를 나타내는 것으로 동 기준 이상 매설되면 동결의 염려가 적다는 것을 의미함

● (제6항) 통신서비스를 제공하는 통신사업자 및 구내의 범위를 벗어나 광범위하게 설치되는 자가통신설비의 경우 접지설비 설치 이후 자체적으로 접지저항 기준치를 유지하도록 관리를 의무화 함

● (제7항) 전도성 인장선이 없는 광섬유케이블 또는 광섬유케이블 접속에 쓰이는 금속성 함체로서 전기적 접속이 없어 벼락 또는 강전류전선과의 접촉 등에 의한 과전압, 과전류 등의 전도가 나타나지 않는 경우에는 접지를 하지 않을 수 있도록 규정

## (적용 시 유의 사항)

● 구내통신선로설비 중 국선 수용회선이 100회선 이하인 주배선반, 보호기를 설치하지 않은 구내통신단자함, 구내통신설비에 있어서 전송 또는 제어신호용 케이블의 쉴드 접지 등은 100Ω을 적용함

● 단독접지, 공통접지, 매쉬접지, 건물접지 등 접지방법은 별도로 규정하고 있지 않으며, 접지저항 값만을 규정함

- 단, 구내통신시설의 보호를 위해서는 국내외 표준에 따른 시공이 필요함
- 공통접지에 대한 사항은 별도 규정은 없지만 구내통신용 접지와 타 시설과의 접지 공동이용 가능
- 철제로 된 지지물인 트레이 시공 시 접지를 해야 함
- 전주 또는 맨홀 등의 시설에 설치된 통신설비로서 통신용 접지시공이 곤란한 경우에는 시설물의 접지를 이용할 수 있음
  - 이 경우 접지저항은 해당 시설물의 접지기준에 따라야 함
- 접지 목적이 통신장비 및 장비 접촉에 대한 이용자 보호인 경우에는 통신접지에 해당하므로 10Ω의 접지저항 기준 적용
  - ※ 발전기, 수변전기 등 전원시스템과 관련된 시설의 접지를 하는 경우에는 「전기설비 기술기준」에서 정하는 바에 따라 접지기준 적용

제2장 착공 전 설계도 확인 및 사용 전 검사 기술기준 해설 및 질의답변
Ⅲ. 접지설비·구내통신설비·선로설비 및 통신공동구등에 대한 기술기준

### 질의 1 | 수공1호 통신맨홀 내 케이블걸이 및 접지 관련

- 수공1호 통신사각맨홀 시공과 관련하여 맨홀 내 케이블 걸이와 접지설비를 반드시 하여야 하는지?

#### 답 변

- 구내통신설비 기술기준 제5조제1항에서는 통신케이블 등이 사람이나 방송통신설비에 피해를 줄 우려가 있을 때에는 접지를 하도록 규정하고 있음

- 따라서, 단순 케이블 통과 맨홀이라 하더라도 사람이나 방송통신설비에 피해를 줄 우려가 있을 때에는 반드시 접지를 하여야 함

- 또한, 맨홀 내 케이블 걸이 설치에 대하여 별도의 규정을 두고 있지 않으나, 케이블 걸이를 설치하지 않을 경우 케이블의 설치 및 유지·보수 등에 어려움이 예상됨

  - 케이블을 바닥에 방치할 경우 케이블의 손상 등에 의한 시공품질 저하가 우려됨에 따라 케이블 걸이를 설치 할 것을 권장함

### 질의 2 | 전산실 구축 시 접지저항 적용기준 여부

- 2층 건물의 1층에 10평 규모의 서버와 통신시설이 시설되는 전산실을 구축하려 할 경우 몇 종 접지를 해야 하는지?

- 또한, 현재 건물에 설치된 3종 접지와 공용으로 사용 가능한지?

#### 답 변

- 일반적으로 접지는 「전기설비 기술기준」에서 정의하는 전기용 접지와 기술기준규정에서 정의하는 통신용 접지로 나뉠 수 있음

- 전산실에 사용되는 전산장비에는 통신용 접지가 사용됨

● 통신용 접지는 구내통신설비 기술기준 제5조제2항에 따라 기본적으로 10Ω을 만족해야 하며, 전원용 접지의 경우처럼 1종, 2종, 3종으로 분류하고 있지 않음

- 또한, 건축물에 설치되어 있는 접지는 전원용 접지로 생각되며, 3종 접지의 경우에는 접지저항이 100Ω에 해당하므로 통신용 접지 기준인 10Ω을 만족하지 못함

● 따라서, 전산실의 접지가 통신장비 및 장비 접촉에 대한 이용자 보호 목적을 갖는 통신접지에 해당하기 때문에 10Ω을 적용해야 함

- 발전기, 수변전기 등 전원시스템과 관련된 시설의 접지를 하는 경우에는 「전기설비 기술기준」에서 정하는 바에 따라 접지를 하여야 함

### 질의 3  공통접지 가능 여부

● 국선 보호기 접지와 방송공동수신용 접지를 같이 붙여서 사용해도 되는지 따로 해야 하는지?

● 또한, 방송공동수신용은 전기 접지를 해도 되는지?

### 답 변

● 구내통신설비 기술기준 제5조에서는 접지저항, 접지선의 규격 및 접지체 매설 조건 등을 규정하고 있음

- 타 시설 접지와의 공동이용에 대해서는 별도로 규정하고 있지 않음

● 따라서, 타 시설과의 접지 공동이용이 가능함

− 다만 공동으로 이용되는 접지를 통해 타 시설로부터의 과전압 유입의 우려가 있는 경우에는 관련 표준에 따른 보호설비의 설치를 권장함

### 질의 4 MDF(주배선반) 통신접지단자함의 접지종류 관련

- MDF실 통신접지단자함에 1종 접지, 3종 접지 2개가 들어가야 하는지?

- 1종 접지는 MDF 프레임접지, 3종 접지는 피뢰탄기용 접지가 별도로 들어가야 하는지, 아니면 1종 접지와 3종 접지 중 하나만 들어가서 같이 MDF 프레임접지와 피뢰탄기용 접지를 공동으로 사용해도 되는지?

**답변**

- 구내통신설비 기술기준 제5조제2항에서는 통신관련 시설의 접지저항을 $10\Omega$ 이하를 기준으로 하되, 7가지 예외 사항에 대해서는 $100\Omega$ 이하로 하도록 규정하고 있음

  − 제5조제1항에서는 금속으로 된 단자함, 장치함 및 지지물 등이 사람이나 전기통신시설에 피해를 줄 우려가 있을 때에는 접지를 하도록 규정하고 있음

- 따라서, 통신접지 및 보안접지 모두 위 규정을 따르며 분리 및 공통접지 여부는 구내통신설비 기술기준에서 별도로 규정하지 않으므로 시설방법에 따라 적절히 사용할 수 있음

## 2. 선로설비 설치방법

### ■ 옥내통신선 이격거리(제23조)

> **제23조(옥내통신선 이격거리)** ① 옥내통신선은 300V초과 전선과의 이격거리는 15cm이상, 300V이하 전선과의 이격거리는 6cm이상(애자사용 전기공사시 전선과 이격거리는 10cm이상)으로 하고 도시가스배관과는 혼촉되지 않도록 한다.
> ② 제1항의 규정에도 불구하고 다음 각호의 경우에는 그러하지 아니할 수 있다.
>   1. 옥내통신선이 절연선 또는 케이블이거나 광섬유케이블(전도성 인장선이 없는 것)일 경우(전선 또는 전선관과 접촉이 되지 아니하여야 함)
>   2. 전선이 케이블(캡타이어 케이블을 포함한다)일 경우(옥내통신선과 접촉되지 아니하여야 함)
>   3. 57V (30W) 이하의 직류 전원을 공급하는 경우
>   4. 전선(300V이하로서 케이블이 아닌 경우)과 옥내통신선간에 절연성의 격벽을 설치할 때 또는 전선을 전선관(절연성·난연성 및 내수성을 갖춘 것)에 수용하여 설치한 경우
>   5. 통신선과 전선을 별도의 배관에 수용하여 설치하는 경우
> ③ 옥내통신선과 전선을 동일의 관덕트·트레이·함 또는 인출구(이하 "관 등"이라 한다)에 수용할 경우에는 그 관 등의 내부에 옥내통신선과 전선을 분리하기 위하여 견고한 격벽(난연성을 갖춘 것)을 설치하여야 하고, 그 관 등의 금속제의 부분에는 제5조 규정에 준하여 접지를 한다.

**(의의)**

- 옥내에 설치되는 전선과 통신선의 이격거리 기준을 통해 전선의 화재 및 혼선 등으로 발생 할 수 있는 통신선의 피해를 최소화하기 위함

**(해설)**

- (제1항) 안전사고 예방을 위하여 옥내통신선과 전선과의 이격거리를 규정

  - 통신선은 300V 초과 전선과 15cm 이상, 300V 이하 전선과는 6cm 이상 이격하여 설치

  - 옥내에 애자를 사용하는 전기공사인 경우 300V 이하인 경우에도 10cm 이상 이격하여 설치

  - 통신선은 도시가스 배관과 접촉되지 않도록 설치하여야 함

- (제2항) 전선과 통신선간 전자유도에 의한 간섭영향 및 화재전이의 위험이 없는 경우에는 제1항에 따른 이격거리를 지키지 않을 수 있음(단, 접촉되어서는 안 됨)

    - 옥내통신선이 절연선, 케이블, 전도성 인장선이 없는 광섬유케이블인 경우 전선 또는 전선관과 접촉되지 않도록 설치

    - 전선이 케이블일 경우 옥내통신선과 접촉되지 않도록 설치

    - IEEE 802.3at 표준에 따라 꼬임케이블 중 일부 페어는 57V(30W) 이하의 직류 전원을 공급하고, 일부 페어는 통신용으로 사용하는 경우

    - 300V 이하의 케이블이 아닌 전선과 옥내통신선간 절연성의 격벽을 설치하거나 전선을 전선관(절연성, 난연성 및 내수성을 갖출 것)에 수용하는 경우

    - 통신선과 전선을 별도의 배관에 수용하여 설치하는 경우

- (제3항) 하나의 관, 덕트, 함 또는 인출구에 통신선과 전선을 함께 수용하는 경우에는 내부에서 발생할 수 있는 전선의 화재 또는 전자유도에 의한 간섭으로부터 보호하기 위해 통신선과 전선을 분리하기 위한 견고한 격벽을 설치하고, 누전 등을 대비하기 위해 관등의 금속재 부분에 접지를 하여야 함

## (적용 시 유의 사항)

- 하나의 구내통신용 트레이에 시공되는 전력선과 구내통신선 사이에도 제1항의 이격거리 기준을 준수하거나 제3항에 따라 내부의 견고한 격벽을 설치하여야 함

- 기기에 전원을 공급하기 위해 시설되는 직류 전원선도 일반적인 전원선과 동일하게 보아 기술기준을 적용하여야 함

정보통신공사 착공 전 설계도 확인 및 사용 전 검사 기준 해설

### 질의 1  트레이에 시공되는 구내통신선의 기술기준 적용 여부

- 구내통신설비에 대한 기술기준이 구내통신의 트레이에 시공되는 전력선과 구내통신선에도 적용되는지?

- 지지물을 사용하여 통신트레이를 상단에, 전기트레이를 하단에 설치하여도 무방한지?

#### 답 변

- 동일한 트레이에 통신선과 전선을 함께 수용하는 경우에는 구내통신설비 기술기준 제23조 각 항에 따른 기준을 적용하여야 함

- 같은 기술기준에서는 통신트레이와 전기트레이의 설치 위치에 대하여 별도의 규정을 두고 있지 않음

    - 따라서, 통신트레이를 전기트레이 상단에 설치하여도 무방하나, 이러한 경우에 있어서도 제23조의 이격거리 기준을 준수해야 하며, 트레이간 이격거리가 아닌 트레이에 설치된 통신선과 전선간 이격거리를 말함

### 질의 2  통신 케이블 트레이와 전력간선용 트레이 이격거리 기준

- 통신 케이블 트레이(통풍형, W900×H100)에 UTP cat.5e 0.5/25Pr 약 150회선이 포설되어 있고, 하부에 100㎜ 이격되어 전력간선용 트레이(사다리형, W900×H100)에 F-CV 0.6/1kV (380/220V)가 약 30m정도 상하로 시공되어 있을 경우

    - 통신트레이 하부와 전력간선용 트레이 상부의 이격거리 100㎜가 기술기준에 적합한지?

- 또한, 위 사항이 사용 전 검사 기준에 적합한지?

## 답변

- 구내통신설비 기술기준 제23조제1항에 따라 300V 초과 전선과 통신선은 150㎜ 이상 이격 거리 기준을 준수해야 함

- 위 질의의 경우는 옥내통신선(cat.5e 케이블)과 전선(F-CV케이블)이 모두 케이블인 경우에 해당하므로 통신선과 전선간 전자유도에 의한 간섭영향 또는 화재전이의 우려가 없는 경우에는 구내통신설비 기술기준 제23조제2항제1호 및 제2호의 기준에 의해 통신선과 전선은 서로 접촉되지 않는 범위에서 설치하면 됨

### 질의 3  LAN 케이블을 이용한 전력전송 시 옥내통신선 이격거리 기준

- CCTV를 설치하는데 cat.5e(4pair) 케이블을 사용하여, 1pair(2라인)는 영상 데이터 전송에 사용하고 1pair(2라인)는 DC 전원을 전송하는데 사용할 경우, 기술기준 제23조(옥내통신선 이격거리)에 적용이 되는지?
    - 일반적으로 3W 정도의 CCTV 전원을 공급하는 경우에 이러한 방법을 사용하며, 카메라 회전이 필요한 경우에는 별도의 전원선을 사용함

## 답변

- 구내 통신선을 이용하여 통신 기기에 사용 전원을 공급하기 위해 시설되는 경우에는 직류 전원선도 일반적인 전원선로와 동일하게 보아야 함
    - 다만, cat.5e 등급 이상의 꼬임케이블(통신선)을 이용하여 57V(30W) 이하의 직류 전원을 공급하는 경우에는 이격거리 예외기준 적용

- 따라서, 구내통신설비 기술기준 제23조제2항제3호에 따라 하나의 LAN 케이블을 통해 DC전원 (DC 57V, 30W 이하)과 데이터 전송이 가능함

## 질의 4    옥내통신선 이격거리 예외기준에서의 통신선 종류

- 기술기준 제23조제2항제1호에 있는 절연선 또는 케이블이란 꼬임케이블, 동축케이블, 광케이블을 말하는 것인지?

### 답 변

- 케이블은 구내통신설비 기술기준 제3조 용어정의에 따라 절연물로 피복한 위를 보호피복으로 보호한 전기도체 및 광섬유 케이블을 말함
    - 따라서, 일반적으로 케이블은 나선 자체를 피복한 절연전선 위에 또 다른 보호피복을 입힌 형태의 통신선이며, 구내통신설비 기술기준 제32조에 따라 구내에서 사용할 수 있는 케이블은 꼬임케이블, 광섬유케이블 또는 동축케이블에 해당함

## 3. 구내통신설비 설치방법

### ■ 국선의 인입(제26조)

> 제26조(국선의 인입) ① 국선인입을 위한 관로, 맨홀, 핸드홀 및 전주 등 구내통신선로설비는 사업자의 맨홀, 핸드홀 또는 인입주로부터 건축물의 최초 접속점까지의 인입거리가 가능한 최단거리가 되도록 설치하여야 한다.
> ② 국선을 지하로 인입하는 경우에는 배관, 맨홀 및 핸드홀 등을 별표2제1호에 준하여 설치하여야 한다. 다만, 다음 각 호의 하나에 해당하는 경우에는 구내의 맨홀 또는 핸드홀을 설치하지 아니하고 별표2제2호에 준하여 설치할 수 있다.
>   1. 인입선로의 길이가 246m 미만이고 인입선로상에서 분기되지 않는 경우
>   2. 5회선 미만의 국선을 인입하는 경우
> ③ 건축주가 5회선 미만의 국선을 지하로 인입시키기 위해 사업자가 이용하는 인입맨홀·핸드홀 또는 인입주까지 지하배관을 설치하는 경우에는 별표2의1 표준도에 준하여 설치하여야 한다.
> ④ 국선을 가공으로 인입하는 경우에는 별표 3의 표준도에 준하여 설치하며, 사업자는 국선을 인입배관으로 인입하고 이용자가 서비스 이용계약을 해지한 후 30일 이내에 인입선로를 철거하여야 한다.
> ⑤ 규정 제24조제5항 단서에서 "과학기술정보통신부장관이 정하여 고시하는 바에 따른 건축물"이란 「방송통신설비의 안전성·신뢰성 및 통신규약에 대한 기술기준」 별표 1 제1장제1절제2호에 따라 다른 지리적 경로에 의한 복수 전송로를 갖는 건축물을 말한다.
> ⑥ 종합유선방송설비의 인입을 위한 배관의 공수는 1공 이상으로 하며, 인입관로상 맨홀 및 핸드홀 등은 구내통신선로설비의 맨홀 및 핸드홀 등과 공용으로 사용할 수 있다.

**(의의)**

- 사업자의 국선을 이용자의 구내로 인입하는 방법과 관련 시설의 설치 기준을 제시하여 사업자설비와 이용자설비의 접속을 원활하게 하도록 함

**(해설)**

- (제1항) 국선인입구간은 사업자의 인입시설(전주, 맨홀/핸드홀 등)에서 이용자 구내의 국선단자함까지임

- 이 사이의 선로설비 길이가 최단거리가 되도록 관로, 맨홀/핸드홀, 전주 등의 구내통신설비를 설치

● (제2항) 국선을 지하로 인입하는 경우 구내에는 국선의 접속 및 분기 필요시 구내용 맨홀 또는 핸드홀을 설치하여야 함

- 세부 설치방법은 [별표 2] 제1호의 표준도를 준용함
- 다음의 경우 구내맨홀 또는 핸드홀을 설치하지 않고 [별표 2] 제2호의 표준도를 준용하여 설치 가능
  · 사업자의 인입시설(맨홀, 핸드홀, 인입주 등)로부터 국선단자함까지의 인입선로 길이가 246m 미만이고, 인입선로 상 구내에서 분기가 되지 않는 경우에는 구내용 맨홀 또는 핸드홀을 설치하지 않을 수 있음
  · 5회선 미만의 국선을 인입하는 경우에는 별도의 구내 맨홀 또는 핸드홀을 설치하지 않을 수 있음

## [별표 2] 지하인입관로의 표준도

1. 맨홀을 설치하여 국선단자함에 수용하는 경우

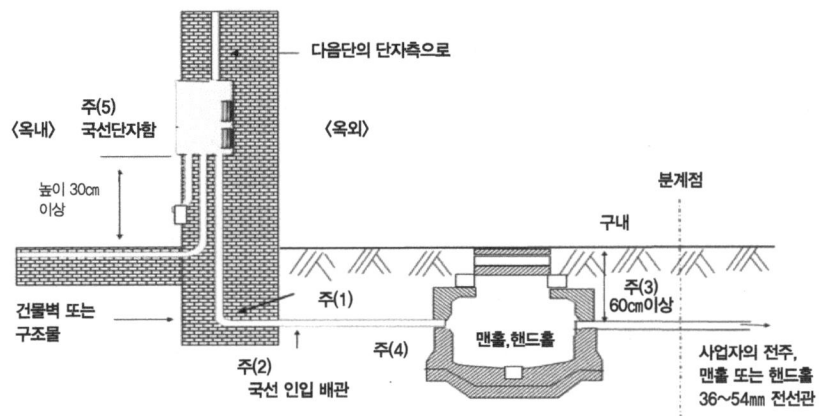

주) 1. R≥6Φ(Φ는 관내경으로서 선로외경의 2배 이상일 것)
    2. 내부식성금속관 또는 KS C 8455 동등규격 이상의 합성수지관
    3. 토피의 두께는 60㎝ 이상일 것(차도의 경우에는 80㎝ 이상일 것)
    4. 맨홀 또는 핸드홀은 외부하중 및 충격에 충분히 견딜 수 있는 강도와 내구성을 갖출 것
    5. 국선단자함은 실내에 설치할 것

2. 맨홀을 설치하지 않고 국선단자함에 수용하는 경우

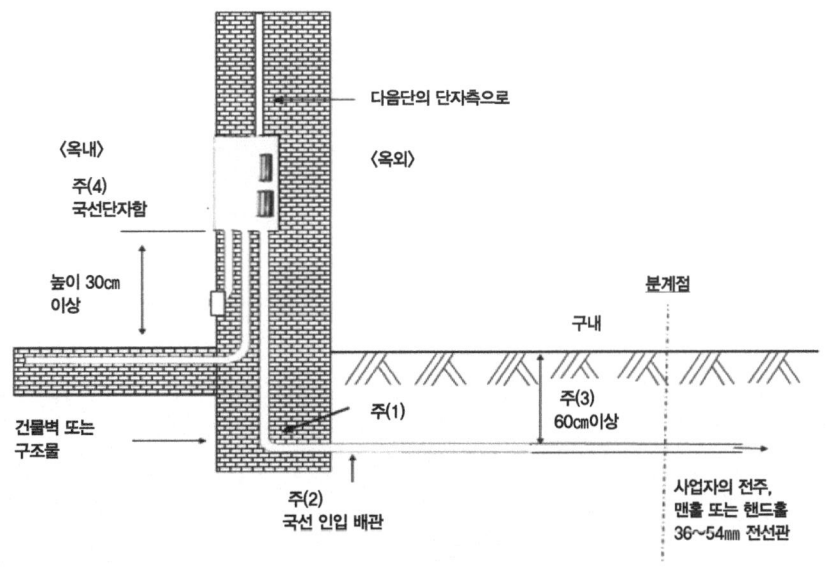

주) 1. R≥6Φ(Φ는 관내경으로서 선로외경의 2배 이상일 것)
   2. 내부식성금속관 또는 KS C 8455 동등규격 이상의 합성수지관
   3. 토피의 두께는 60㎝ 이상일 것(차도의 경우에는 80㎝ 이상일 것)
   4. 국선단자함은 실내에 설치할 것

- (제3항) 건축주가 주택관리와 주택미관 등을 고려하여 5회선 미만의 국선을 지하로 인입하기 위해 사업자 인입주까지 지하배관을 설치하는 경우에는 [별표 2의1] 표준도에 준하여 설치

[별표 2의1] 지하인입관로의 사업자 설비 연결표준도
1. 사업자의 맨홀에 연결하는 경우

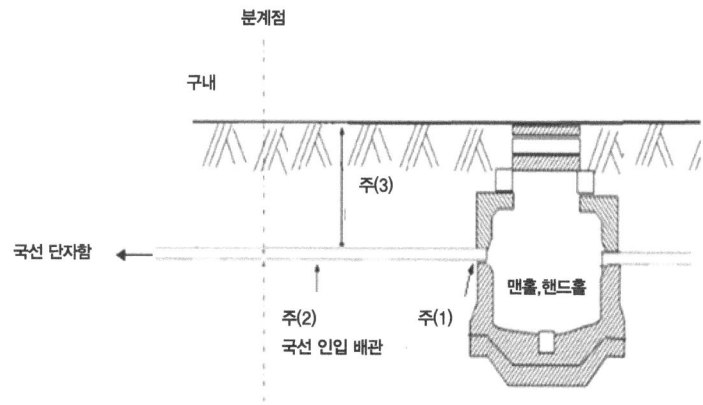

주) 1. 맨홀 및 핸드홀 연결방법은 사업자와 협의하여 결정
   2. 내부식성금속관 또는 KS C 8455 동등규격 이상의 합성수지관
   3. 토피의 두께는 제47조제2항의 기준에 따를 것

2. 사업자의 전주에 연결하는 경우

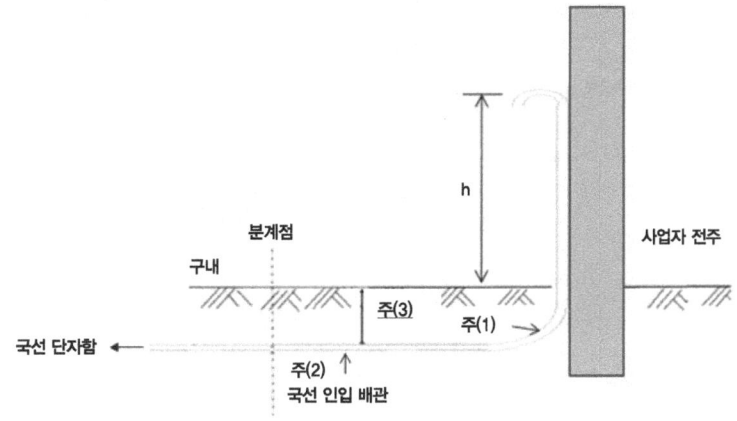

주) 1. R≥6Φ (Φ는 관내경으로서 선로외경의 2배 이상일 것)
    2. 내부식성금속관 또는 KS C 8455 동등규격 이상의 합성수지관
    3. 토피의 두께는 제47조제2항의 기준에 따를 것
    4. '인입배관의 높이(h)'는 20㎝ 이상 50㎝ 이하일 것

- (제4항) 5회선 미만의 국선을 가공으로 인입하는 경우에는 [별표 3]의 표준도에 준하여 건축물에 설치된 인입배관을 이용하여 국선을 인입하여야 함
  - 설치된 가공인입선의 이용계약이 해지된 경우 30일 이내에 해당 가공인입선을 철거하여야 함

[별표 3] 가공인입의 표준도

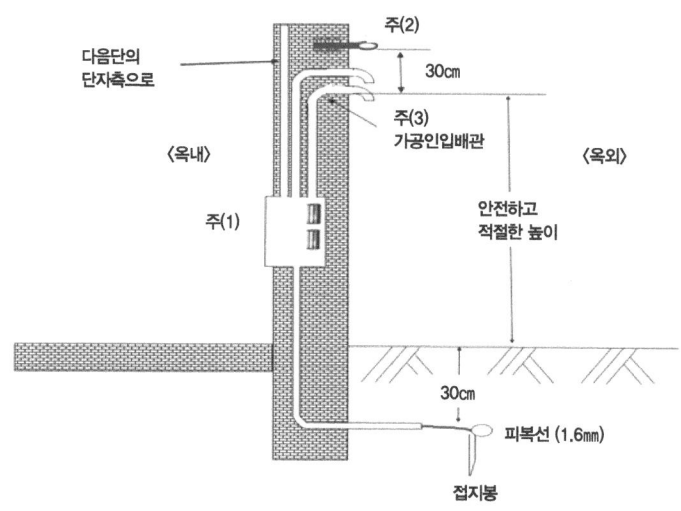

주) 1. 국선단자함
2. 인입배선 지지용 용융아연도금 앙카볼트(직경 16mm 이상)
3. 인입케이블 또는 인입선용의 관으로 양측에는 절연부싱이 있어야 하고 인입측은 침수되지 아니하도록 곡처리되어야 한다.

## (적용 시 유의 사항)

- 건축물 인근에 사업자의 인입시설이 없는 경우에는 인입시설 설치예정 위치 또는 설치가 예상되는 위치를 기준으로 최단거리 방향으로 설치

- 건축주는 인입 선로설비가 최단거리가 되는 방향으로 대지경계점까지 배관을 설치하여야 함

- 국선 인입 시 가공인입이 허용되는 5회선의 의미는 건축물에 실제 사용하게 될 회선 수가 아닌 사업자가 인입하는 회선 수를 의미

## 제2장 착공 전 설계도 확인 및 사용 전 검사 기술기준 해설 및 질의답변
### III. 접지설비·구내통신설비·선로설비 및 통신공동구등에 대한 기술기준

### 질의 1  복합건축물의 인입맨홀 설치 관련

- 복합건축물(업무용+근린생활시설)에서 기간통신사업자 맨홀과 당 현장의 MDF실 거리가 246m 이내 일 때, 인입맨홀을 설치하지 않아도 되는지?

**답 변**

- 구내통신설비 기술기준 제26조제2항에서는 인입선로의 길이가 246m 미만이고 인입선로 상에서 분기되지 않는 경우 또는 5회선 미만의 국선을 인입하는 경우에 한하여 맨홀을 설치하지 않고 국선인입이 가능하도록 규정하고 있음
  - 따라서, 인입선로의 길이가 246m 미만이고 인입선로 상 분기가 되지 않는 경우에는 구내통신설비 기술기준 [별표 2]의 지하인입관로의 표준도 중 제2호의 표준도를 참조하여 국선을 인입할 수 있음

### 질의 2  맨홀에서 대지분계점까지의 배관 설치 관련

- 맨홀(핸드홀)에서 대지분계점까지의 배관에 관한 사항으로 지하인입관로의 표준도를 참조하면 '사업자의 전주, 맨홀 또는 핸드홀'로 되어 있음
  - 차후 시공으로 대지분계점까지만 배관을 해도 되는지?(실제 현장에서 사업자의 전주, 맨홀 또는 핸드홀이 없는 경우가 더 많음)

**답 변**

- 기술기준규정 제18조제1항에는 구내통신선로설비는 사업용방송통신설비와의 접속이 쉽도록 설치하도록 규정하고 있음
- 또한 구내통신설비 기술기준 제26조제1항에서는 국선인입을 위한 관로, 맨홀,

핸드홀 및 전주 등 구내통신선로설비는 사업자의 맨홀, 핸드홀 또는 인입주로부터 건축물의 최초 접속점까지의 인입거리가 가능한 최단거리가 되도록 설치하도록 규정하고 있음

- 따라서, 실제 현장에 사업자의 인입시설(전주, 맨홀 또는 핸드홀)이 없는 경우에는 사업자의 인입시설 설치계획 등을 토대로 가능한 최단거리가 되도록 설치하여야 함
  - 배관의 분계점은 기술기준규정 제4조에서 대지경계점으로 규정하고 있으므로 대지경계점까지 배관을 설치
  - 이 경우 향후 사업자가 해당 배관에 연결하기 용이하도록 필요한 조치(방수, 위치확인 등)를 할 것을 권장함

### 질의 3  인입선로의 길이 관련

- 구내통신설비 기술기준 제26조(국선의 인입)제2항제1호에서 인입선로의 길이란 사업자 측의 어떤 지점부터 사용자측의 어떤 지점까지의 길이를 말하는지?

#### 답 변

- 구내통신설비 기술기준 제26조제2항제1호는 인입선로의 길이가 246m 미만인 경우에는 중간에 케이블을 접속할 필요가 없으므로 접속 및 분기를 위해 설치하는 맨홀이나 핸드홀을 설치하지 않아도 된다는 규정임

- 해당 구간은 사업자의 인입시설(전주, 맨홀/핸드홀 등)에서 국선단자함까지가 케이블 포설길이에 해당됨

## 질의 4    사업자가 지중화 시설을 하지 않은 경우 국선 가공 인입 가능 여부

- 지중화 인입 지역에서 기간통신사업자가 지중화 시설을 하지 않을 경우에 국선을 가공으로 인입해도 되는지?

### 답 변

- 기술기준규정 제24조제3항에서 국선이 5회선 미만인 경우에 한하여 가공 인입을 허용하고 있으며, 같은 조 제4항에 따라 국선이 5회선 미만이라도 건축주가 분계점과 사업자의 인입맨홀, 핸드홀 또는 인입주까지 지하 인입 배관을 설치한 경우 기간통신사업자는 국선을 지하로 인입해야 함

## 질의 5    지중화 인입 지역에서 통신맨홀 설치여부

- 국선이 적었을 때 수공 1호보다 작은 사이즈의 맨홀 사용 또는 통신맨홀이 아닌 작은 사이즈의(한전) 맨홀 사용 가능 여부?

### 답 변

- 구내통신설비 기술기준 제26조제2항에 따라 국선을 지하로 인입하는 경우 [별표 2] 제1호 및 [별표 2] 제2호에 준하여 각각 설치하여야 함
- 통신맨홀에 대한 크기를 정하고 있지 않으나 외부하중 및 충격에 충분히 견딜 수 있는 강도와 내구성을 갖추도록 규정하고 있으므로 국선의 수량 등을 고려하여 적정 크기의 맨홀을 설치하면 됨
  - 다만, 한국전력공사에서 사용하는 맨홀은 공동으로 사용할 수 없음

### 질의 6    맨홀 없이 국선 지하인입 가능 여부

- 맨홀 설치 공간이 없는데, 주변 통신사 맨홀 또는 전주가 가까이 있습니다. 이 경우 맨홀 없이 지하인입을 해도 되나요?

#### 답 변

- 구내통신설비 기술기준 제26조제2항에 따라 다음과 같은 경우에 한하여 구내의 맨홀 또는 핸드홀을 설치하지 아니하고 [별표 2] 제2호 표준도에 준하여 설치할 수 있음

    - 인입선로의 길이가 246m 미만이고 인입선로 상에서 분기되지 않는 경우

    - 5회선 미만의 국선을 인입하는 경우


### 질의 7    맨홀을 조적할 경우 크기 여부

- 맨홀 설치 공간이 나오지 않아서 조적하여 설치하고자 하는데 가로, 세로, 높이 등 세부규격이 있나요?

#### 답 변

- 맨홀의 규격 및 시공방법에 대하여는 기술기준규정 제25조 및 구내통신설비 기술기준 제26조제2항 [별표 2] 제1호 표준도에 따라 외부하중 및 충격에 충분히 견딜 수 있는 강도와 내구성을 갖추어야 하고, 토피의 두께는 60㎝ 이상 (차도의 경우에는 80㎝ 이상)으로 설치하며 통신케이블의 설치 및 유지보수 등이 용이하도록 필요한 공간을 확보할 수 있도록 설계하도록 규정하고 있으나 맨홀의 재질 및 크기에 대한 세부 규격은 정하고 있지 않음

제2장 착공 전 설계도 확인 및 사용 전 검사 기술기준 해설 및 질의답변
Ⅲ. 접지설비·구내통신설비·선로설비 및 통신공동구등에 대한 기술기준

### 질의 8   통신맨홀 선정기준

- 설계 시 통신맨홀 사이즈를 선정하려고 하는데, 인입 회선 수나, 인입 공수, 구내관로에 따른 통신맨홀 규격 선정 기준이 있는지? 있다면 선정기준은 어떻게 되는지?

    예) 인입배관 공수에 따른 맨홀규격(가로×세로×높이)나 수공 몇 호 이상 확보해야 하는지에 대한 기준

#### 답 변

- 통신용 맨홀에 대해서는 세부 크기를 규정하고 있지 않으며, 케이블 설치 및 작업에 필요한 적절한 공간을 선정하도록 하고 있음

- 기술기준규정 제25조제1항에서 통신공동구, 맨홀 등은 통신케이블의 수용과 설치 및 유지보수 등에 필요한 공간과 부대시설을 갖추도록 규정하고 있음

    – 따라서, 맨홀 내에 필요한 케이블과 장비를 설치하고도 작업자가 작업할 수 있는 공간 확보가 가능한 크기이어야 함

- 구내통신설비 기술기준 제46조제1항에서는 통신공동구는 케이블의 설치 및 유지보수 등의 작업 시 필요한 공간을 확보할 수 있는 구조로 설계하도록 명시하고 있으므로 적절한 크기와 형태를 결정하여 사용하면 됨

### 질의 9   맨홀(핸드홀) 재질 관련

- 맨홀의 재질에 관한 문제로서 조적(벽돌쌓기)을 허용하는지?

#### 답 변

- 맨홀의 재질에 대한 규격은 정하고 있지 않으며, 구내통신설비 기술기준 [별표 2]

에 따라 외부의 하중과 충격에 견딜 수 있는 강도와 내구성은 갖추어야 함

- 따라서, 조적에 의한 맨홀이 해당기준을 만족하는 경우 사용 가능함

### 질의 10  국선 지하인입 시 맨홀의 강도 및 내구성 기준 관련

- 기술기준 제26조제2항 관련 [별표 2] 1. 주) 4.의 내용 중 맨홀 또는 핸드홀의 충분한 강도와 내구성 등에 대한 객관적 기준은?

#### 답 변

- 충분한 강도에 대한 별도의 기준은 마련되어 있지 않으며, 일반적인 콘크리트 및 철 재료의 맨홀은 사용 가능

### 질의 11  건축신축 시 맨홀 공동설치 관련

- 하나의 부지에 주거용인 주상복합 아파트와 업무+상업용 빌딩을 신축하고 있는데, 지하공간이 협소하여 외부 케이블 인입용 맨홀을 하나의 맨홀로 사용 가능한지?

#### 답 변

- 구내통신설비 기술기준에서는 맨홀 공동설치에 관하여 특별한 규정을 두고 있지 않으나, 해당 건축물의 경우 「전기통신사업법 시행령」 제8조에서 규정하고 있는 하나의 구내 범위에 해당하기 때문에 맨홀을 공동으로 사용할 수 있음
  - 다만, 차후 재산권 행사 시 분쟁에 대비하는 등 구내통신설비 기술기준 제48조에 의하여 원활한 통신설비 설치와 유지보수가 가능하도록 각 건물마다 맨홀을 설치할 것을 권장함

## 질의 12   사용자 맨홀(핸드홀) 설치 관련

- KT 등 통신업체의 맨홀(핸드홀)에 바로 연결하는 경우 사용자 맨홀(핸드홀)을 꼭 설치해야 하는지?

### 답 변

- 국선을 지하로 인입하는 경우 구내통신설비 기술기준 제26조제2항의 단서조항 (아래) 중 하나에 해당하는 경우에는 구내 맨홀(핸드홀)을 설치하지 않아도 됨

  – 인입선로의 길이가 246m 미만이고 인입선로 상에 분기되지 않는 경우

  – 5회선 미만의 국선을 인입하는 경우


## 질의 13   국선 지하인입 시 맨홀 제품 종류 관련

- 구내통신설비 기술기준 제26조제2항 관련 [별표 2] 1. 주) 4.와 관련하여 맨홀 설치장소와 관계없이 또는 크기와 관계없이 꼭 비싼(설치 및 운반비 등) 콘크리트 타설 제품을 사용해야 하는지?

  – 또는 합성수지 맨홀을 사용해도 되는지?

### 답 변

- 구내통신설비 기술기준에서는 별도의 크기 규정을 마련하고 있지 않으나, 제48조에 따라 유지보수 등 작업 시 필요한 공간이 확보되는 크기라면 가능함

  – 외부하중 및 충격에 견딜 수 있는 경우 재질은 상관없음

## ■ 국선의 인입배관(제27조)

> **제27조(국선의 인입배관)** 국선의 인입배관은 국선의 수용 및 교체, 증설이 용이하게 시공될 수 있는 구조로서 다음 각호와 같이 설치되어야 한다.
> 1. 배관의 내경은 선로외경(다조인 경우에는 그 전체의 외경)의 2배 이상이 되어야 하며, 주거용 건축물 중 공동주택의 인입배관의 내경은 다음 각목의 기준을 만족하여야 한다.
>    가. 20세대 이상의 공동주택 : 최소 54㎜ 이상
>    나. 20세대 미만의 공동주택 : 최소 36㎜ 이상
> 2. 국선 인입배관의 공수는 주거용 및 기타건축물의 경우에는 1공이상의 예비공을 포함하여 2공 이상, 업무용건축물의 경우에는 2공 이상의 예비공을 포함하여 3공 이상으로 설치하여야 한다. 다만, 통신구 또는 트레이 등의 설비를 설치할 경우에는 향후 증설을 고려하여 여유공간을 확보한다.

**(의의)**

- 향후의 통신기기 증가 및 선로의 교체 등을 고려하여 지하에 매설되는 국선 인입배관의 크기와 배관 수를 규정함으로써 건축물 완공 후 추가 시공에 따른 비용 및 불편을 줄이고자 함

**(해설)**

- 사업자 국선의 인입배관은 지하에 매설하는 통신용 배관으로 국선의 원활한 수용, 배선 노후화에 따른 교체 및 통신수요 증가에 따른 증설이 용이하도록 설치하여 향후 추가시공에 따른 비용 및 불편함을 줄이고자 함

- 배관의 내경은 인입되는 선로 외경(다조의 경우 정체의 외경)의 2배 이상의 크기가 되어야 함

  - 공동주택의 경우 위 조건(선로 전체 외경의 2배 이상)과 더불어 20세대 이상은 최소 54㎜ 이상, 20세대 미만은 최소 36㎜ 이상의 배관을 설치하여야 함

- 향후의 통신선 증설을 고려하여 별도의 예비배관을 설치하여야 함

    - 주거용 및 기타건축물은 국선인입배관과 동일한 1공 이상의 예비배관을 설치

    - 통신수요의 증가가 많을 것으로 예상되는 업무용 건축물은 2공 이상의 예비배관을 설치

    - 지하 배관이 아닌 통신구에 트레이 등으로 배선설비를 설치하는 경우에는 향후 증설을 고려한 예비배관 기준에 부합하는 여유공간을 확보하여야 함

**(적용 시 유의 사항)**

- 국선 인입배관은 국선단자함에서 대지경계점까지 구내통신설비 기술기준 제27조의 조건에 따라 설치하여야 함

    - 구내 맨홀·핸드홀을 설치하는 경우 대지경계점과 맨홀·핸드홀 구간, 맨홀·핸드홀과 국선단자함 구간에 규정된 배관의 크기 및 예비배관의 공수 기준에 맞게 설치하여야 함

### 질의 1 　상가의 인입 배관 관련

- 상가 신축 현장에서 인입배관이 구내통신설비 및 종합유선방송설비 시 최소 36㎜ 이상이면 되는지?

#### 답 변

- 구내통신설비 기술기준 제27조에 따라 인입배관의 내경은 선로외경(다조인 경우에는 그 전체의 외경)의 2배 이상이 되도록 설치하여야 함
- 다만, 종합유선방송설비는 기술기준 제26조제6항에 따라 별도로 1공 이상의 배관을 확보해야 하며 이 때 배관의 내경은 상기 기준에 적합해야 함
  - 종합유선방송의 인입관로상의 맨홀 또는 핸드홀은 구내통신선로설비의 맨홀 또는 핸드홀 등과 공동으로 사용할 수 있음

### 질의 2 　주름관의 국선인입배관 사용 가능 여부

- 구내통신설비 기술기준 제27조와 관련하여 주름관은 국선 인입배관으로 사용할 수 없는지?

#### 답 변

- 구내통신설비 기술기준 제27조에서는 건축물의 용도에 따른 국선 인입배관의 내경과 공수 기준을 규정하고 있으며, 제28조에서는 건축물의 옥내·외에 설치하는 구내배관의 설치기준 및 규격(내부식성 금속관, KS C 8454 또는 지중매설용 KS C 8455)을 제시하고 있음
  - 국선 인입배관이 제27조의 기준에 만족하는 경우 주름관 여부에 상관없이 사용할 수 있음

### 질의 3 　공공기관 연구시설의 국선인입배관 관련

- 공공기관의 연구시설로, 건축물 허가서의 용도가 업무시설이 아닌 연구시설인 경우에 구내통신설비 기술기준 제27조에 따라 기타건축물로 분류하여 인입배관 2공(예비 1공)으로 해야 하는지?

    - 업무시설로 분류하여 인입배관을 3공(예비 2공)으로 해야 하는지?

**답변**

- 주거용 건축물은 「건축법 시행령」 [별표 1] 제1호 및 제2호에 따른 단독주택과 공동주택을 의미하며, 업무용 건축물은 「건축법 시행령」 [별표 1] 제14호에 따른 업무시설을 의미함

    - 또한, 기타 건축물은 구내통신설비 기술기준 제3조제8호에 따라 주거용 건축물과 업무용 건축물을 제외한 건축물을 의미함

- 건축물의 용도가 연구시설인 경우에는 「건축법 시행령」 [별표 1]의 제10호 교육연구시설에 해당하는 건축물로 기타 건축물로 분류됨

    - 따라서, 국선 인입 배관의 기준을 적용할 때 구내통신설비 기술기준 제27조 제2호에 따라 1공 이상의 예비공을 포함하여 2공 이상을 설치하여야 함

### 질의 4 　공동맨홀 사용에 따른 배관 설치기준 관련

- 발주자 1인이 두 개 이상의 건축물 신축 시 공동맨홀을 사용하여 국선인입을 공동맨홀까지는 본공과 예비공을 각각 시공하나, 통신사업자 측에서 공동맨홀까지의 배관은 공동으로 사용한 경우 배관의 크기 및 개수에 대한 기준이 모호한데 이에 대한 기준은?

### 답변

- 두 개 이상의 건축물이 하나의 구내에 있는 경우 외부로부터의 국선 인입은 공동배관 및 맨홀을 이용하고, 맨홀로부터 각 건물로 별도의 배관을 설치할 수 있음

- 이 경우 분계점에서 맨홀까지의 인입배관은 연결되는 모든 건축물에서 사용하는 회선 수의 총 합을 고려하여 구내통신설비 기술기준 제27조에 따른 배관과 예비배관을 사용하여야 함

    - 맨홀부터 각 건물까지의 인입배관은 해당 건축물에서 사용하는 회선 수를 고려하여 배관과 예비배관을 설치하여야 함

### 질의 5 | 이용자가 맨홀 또는 핸드홀 설치 시 배관 공수 관련

- 기간통신사업자의 국선을 인입받기 위하여 이용자가 맨홀 또는 핸드홀을 설치하는 경우, 이용자 맨홀 또는 핸드홀에서 사업자의 전주, 맨홀 또는 핸드홀까지 접속하기 위한 인입 공수와 국선 단자함에 인입되는 배관 공수가 동일하게 기술기준을 적용해야 하는지?

### 답변

- 국선인입 구간은 사업자의 인입시설(전주, 맨홀, 핸드홀 등)에서 이용자의 건축물에 설치된 최초의 접속시설(국선단자함)까지임

- 따라서, 국선인입 관련 구내통신설비 기술기준 제26조 및 제27조는 구내 맨홀 설치여부에 관계없이 분계점에서 국선단자함까지의 전 구간에 적용됨

## 질의 6 | 공동주택단지 내 주민공동시설, 부대시설 등의 구내통신선로설비 의무설치 여부

- 공동주택단지 내에 시설되는 주민공동시설이나 어린이집 등의 부대시설에도 구내통신선로설비를 의무적으로 구축해야 하는지?

### 답변

- 주민공동시설 등과 같은 부대시설이라도 사업계획 승인을 받아 건축하는 공동주택단지의 시설물로서 기술기준규정 제17조의 설치대상에 해당하므로 구내통신선로설비를 설치해야 함

- 다만, 기술기준규정 제20조에 따른 구내통신 회선 수 확보 기준에 대하여 공동주택 내 상가 등의 부대시설은 구조적으로 공동주택과 다르기 때문에 세대별 확보 회선 수를 산정하는 것이 어렵고 이에 부대시설의 용도와 규모에 따른 예상되는 통신 수요를 고려하여 적절한 구내통신선을 확보할 수 있음

## ■ 구내배관 등(제28조)

**제28조(구내배관 등)** ① 구내에 설치되는 건물의 옥내·외에는 선로를 용이하게 설치하거나 철거할 수 있도록 한국산업표준 규격의 배관, 덕트 또는 트레이 등의 시설을 설치하여야 하고 주택에 홈네트워크설비를 설치하는 경우 세대단자함과 홈네트워크 주장치간에는 홈네트워크용 배관을 1공 이상 설치하여야 한다. 다만 제5항제2호의 규정보다 통신용 배관에 여유가 있는 경우에는 공동으로 사용할 수 있으며 통신소통에 지장이 없도록 하여야 한다.
② 구내간선계 및 건물간선계의 배관 공수는 동등 이상 내경을 가진 예비공 1공 이상을 포함하여 2공 이상을 설치하여야 한다. 다만, 트레이 및 덕트 등을 설치할 경우에는 향후 증설을 고려하여 여유 공간을 확보한다.
③ 수평배선계의 배관은 성형구조 또는 성형배선이 가능한 구조이어야 한다.
④ 업무용건축물로서 구내선이 7.5m를 넘는 실내(고정된 벽 등으로 반영구적으로 구분된 장소)에는 다음 각호와 같이 바닥덕트 또는 배관을 설치하여야 한다.
  1. 바닥덕트 또는 배관은 실내의 용도와 규모를 고려하여 성형 또는 망형 등으로 설치하여야 한다.
  2. 바닥덕트 또는 배관의 매구간 교차점 또는 완곡부에는 각 1개씩의 실내접속함을 설치하여야 하며 실내접속함의 간격은 7.5m 이내가 되도록 하여야 한다. 다만, 직선관로서 선로작업에 지장이 없는 경우에는 간격을 12.5m 이내로 할 수 있다.
  3. 접속함 및 인출구는 상면에 돌출되거나 침수되지 않도록 설치하여야 한다.
⑤ 구내에 설치되는 옥내·외 배관의 요건은 다음 각호와 같다.
  1. 배관은 외부의 압력 또는 충격 등으로부터 선로를 보호할 수 있는 기계적 강도를 가진 내부식성 금속관 또는 한국산업표준 KS C 8454 (지하에 매설되는 배관의 경우에는 KS C 8455) 동등규격 이상의 합성수지제 전선관을 사용하여야 한다.
  2. 배관의 내경은 배관에 수용되는 케이블단면적의 총합계가 배관 단면적의 32% 이하가 되도록 하여야 한다.
  3. 배관의 굴곡은 가능한 완만하게 처리하여야 하되, 곡률반경은 배관내경의 6배 이상으로 한다. 이 경우 엘보우 등 부가장치를 사용하여서는 아니 된다.
  4. 배관의 1구간에 있어서 굴곡개소는 3개소 이내이어야 하며, 1개소의 굴곡 각도는 90° 이내로 하며 3개소의 합계는 180° 이내이어야 한다.
⑥ 옥내에 설치하는 덕트의 요건은 다음 각호와 같다.
  1. 덕트는 선로를 용이하게 수용할 수 있는 구조와 유지·보수를 위한 충분한 공간을 갖추어야 하며, 수직으로 설치된 덕트의 주변에는 선로의 포설, 유지 및 보수의 작업을 용이하게 할 수 있는 디딤대 등을 설치하여야 한다.
  2. 덕트의 내부에는 선로의 포설에 필요한 선로 받침대를 60㎝ 내지 150㎝의 간격으로 설치하여야 한다. 다만, 선로용 배관을 따로 설치하는 경우에는 그러하지 아니하다.
  3. 덕트의 내부에는 유지·보수 작업용 조명 또는 전기콘센트가 설치되어야 한다. 다만, 바닥덕트의 경우에는 그러하지 아니하다

# 제2장 착공 전 설계도 확인 및 사용 전 검사 기술기준 해설 및 질의답변
## III. 접지설비·구내통신설비·선로설비 및 통신공동구등에 대한 기술기준

### (의의)

- 구내에 설치하는 통신용 배관의 설치방법을 규정하여 통신서비스의 수용, 유지·관리 및 증설이 용이하도록 함

### (해설)

- (제1항) 국선단자함(또는 집중구내통신실)에서 인출구까지 통신용 배선을 용이하게 설치하거나 철거할 수 있도록 건물 내·외부의 배관, 덕트 또는 트레이 등의 시설을 설치하여야 함

  - 홈네트워크 설비 설치 시에는 세대단자함과 홈네트워크 주장치간에 홈네트워크용 선로를 설치할 수 있는 배관을 1공 이상 설치하여야 함

  - 통신용 배관에 여유가 있는 경우(통신선 및 홈네트워크용 배선을 포함한 단면적이 배관 내부 단면적의 32%를 넘지 않는 경우)에는 별도의 홈네트워크용 배관을 설치하지 않고 통신용 배관을 이용하여 홈네트워크용 선로를 설치할 수 있으며, 이 경우 통신소통에 지장을 주어서는 아니 됨

- (제2항) 구내의 건물과 건물을 연결하는 구내간선계 및 건물 내부의 각 구간을 연결하는 건물간선계에는 통신선의 증설을 고려하여 동등규격 이상의 내경을 가진 예비공 1공 이상을 포함하여 2공 이상을 설치하여야 함

  - TPS(통신배관)실 등을 이용하여 트레이 및 덕트 등으로 설치하는 경우에는 예비배관 기준에 대응하는 여유 공간을 확보

  - 건물간선계는 세대단자함 또는 인출구로 직접 연결되는 최종의 중간단자함에서 국선단자함 또는 동단자함 또는 중간단자함과 다른 중간단자함 간의 연결구간을 의미함

- (제3항) 중간단자함 또는 세대단자함에서 인출구 구간에는 성형배선을 해야 하며, 하여야 하며, 이를 위해 설치되는 배관은 성형구조 또는 성형배선을 할 수 있는 구조이어야 함

- (제4항) 업무용 건축물로 사무실 내(실내)의 수평배선이 7.5m를 넘는 경우에는 실내 접속함을 이용하여 바닥 덕트 또는 배관을 설치
  - 바닥 덕트 또는 배관 설치 시 용도와 규모 등을 고려하여 배선이 성형 또는 망형이 되도록 함
  - 바닥 덕트 또는 배관의 매 구간 교차점 또는 완곡부에는 각 1개씩의 실내 접속함을 설치하여 선로의 유지·보수가 가능하게 하여야 함
    - 실내 접속함은 7.5m 이내의 간격으로 설치
    - 다만, 직선 관로 구간으로 선로의 설치 및 철거 등 작업에 지장이 없는 경우에는 12.5m 이내 간격으로 설치할 수 있음
- (제5항) 구내에 설치하는 배관의 요건
  - 옥내에 설치하는 배관은 외부의 압력 또는 충격 등으로부터 선로를 보호할 수 있는 기계적 강도를 가져야 함
    - 내부식성 금속관 또는 한국산업표준 KS C 8454(지하에 매설되는 배관의 경우에는 KS C 8455) 동등규격 이상의 기계적 강도를 가진 합성수지제 전선관을 사용
  - 배관의 내경은 수용되는 케이블 단면적이 배관 내부 단면적의 32% 이하가 되도록 하여야 하며, 배관 내부 단면적은 케이블 단면적의 3.125배 이상이 되어야 함

    $$※\ 배관의\ 내경 = 2 \times \sqrt{\frac{1}{3.14} \times 3.125 \times 케이블의\ 단면적}$$

  - 설치되는 배관 중 굴곡이 발생하는 경우에는 향후 케이블의 철거 및 신설 시 마찰이 적게 발생하도록 곡률반경이 배관 내경의 6배 이상이 되도록 완만하게 처리
    - 엘보우 등의 부가장치 사용금지

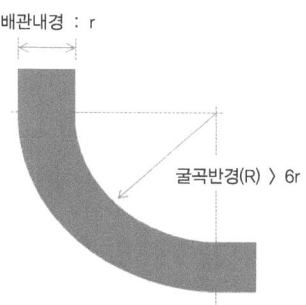

- 단자함과 접속함 또는 인출구, 접속함과 접속함 또는 인출구, 인출구와 인출구 등의 배관 1구간은 배선의 설치 및 철거가 용이하도록 설치하여야 함
    - 배관 1구간의 굴곡개소는 3개소 이내
    - 굴곡개소 1개소의 굴곡각도는 90° 이내
    - 배관 1구간 총 굴곡개소의 굴곡각도 합계는 180° 이내

● (제6항)
- 덕트는 통신용 선로 설치가 용이한 구조를 가져야 함
    - 유지보수 시 작업자의 용이한 작업을 위한 충분한 공간 및 디딤대 등을 설치하여야 함
- 덕트 내부에 선로를 직접 수용하는 경우 선로 받침대를 60㎝에서 150㎝ 간격으로 설치하여 선로의 쳐짐, 이탈 등을 방지하여야 함
    - 덕트 내부에 별도의 선로용 배관을 설치하는 경우에는 선로 받침대를 설치할 필요 없음
- 덕트 내부의 선로 유지보수를 위한 작업용 조명이나 조명을 사용하기 위한 전기 콘센트를 설치
    - 바닥 덕트인 경우에는 주변 실내에서 조명 또는 전기를 이용할 수 있으므로 별도의 조명이나 전기 콘센트를 설치하지 않을 수 있음

**(적용 시 유의 사항)**

● 통신용 배관에 홈네트워크용 배선을 수용하는 경우에는 제28조제5항제2호에 따라 통신용 배선과 홈네트워크용 배선의 총 단면적이 배관 내부 단면적의 32%가 넘지 않아야 함

● 홈네트워크용 배선을 통신용 배관에 함께 수용 시, 통신선에 전자파에 의한 잡음 등을 유발하여 통신에 지장을 주는 경우에는 차폐케이블의 사용 또는 별도의 배관 설치 등의 대책을 강구하여야 함

- 건물간선계에 해당되는 국선단자함(또는 동단자함)-중간(층)단자함, 중간(층)단자함-중간(층)단자함 구간은 제2항에 따라 예비공 1공 포함한 2공의 배관을 설치하여야 함

  - 중간(층)단자함에서 세대단자함, 중간(층)단자함에서 인출구, 세대단자함에서 인출구 구간 또는 중간(층)단자함 없이 국선단자함(또는 동단자함)-세대단자함(또는 인출구) 구간은 수평배선계로 구분되며 별도의 예비배관을 설치할 필요가 없음

    ※ 층을 달리하는 경우에도 세대단자함이나 인출구로 직접 연결되는 중간단자함-세대단자함(또는 인출구) 구간은 수평배선계에 해당함 (층간에 연결하는 경우 무조건 건물간선계로 구분하지 않음)

제2장 착공 전 설계도 확인 및 사용 전 검사 기술기준 해설 및 질의답변
Ⅲ. 접지설비·구내통신설비·선로설비 및 통신공동구등에 대한 기술기준

### 질의 1  액세스 플로어 내부배관 설치 관련

- TPS(통신배관)실에서 바닥 트레이로 나와 액세스 플로어 시스템박스로 배관할 때, 트레이에서 시스템박스까지 배관 없이 시공하여도 기술기준에 문제가 없는지?

#### 답 변

- 구내통신설비 기술기준 제28조제1항에서는 구내에 설치되는 건물의 옥내·외에는 선로를 용이하게 설치하거나 철거할 수 있도록 한국산업표준 규격의 배관 또는 덕트 등의 시설을 설치하도록 규정하고 있음

- 이에 트레이에서 시스템박스까지 배관 또는 덕트 등의 시설을 설치하여야 할 것으로 판단됨

    ※ 이중마루(Access Floor) : 바닥에 배선들이 들어갈 수 있도록 마루를 이중처리하는 것을 말함. 다만, 이중마루 위에 국선단자함이 설치되는 경우에는 구내통신설비 기술기준 제29조제4항제2호에 따라 국선단자함 하부가 이중마루의 상면이 아닌 기존 바닥으로부터 30㎝ 이상이 높이에 설치되어야 함

### 질의 2  옥내·외 배관(KS C 8454, 8455) 규격 관련

- 건물간 거리가 약 1km정도 떨어져 있는 골프장의 구내 배관 시 KS C 8454, 8455 중 어떤 규격으로 시공해야 하는지?

#### 답 변

- 구내통신설비 기술기준 제28조제5항에서는 옥내·외 배관의 요건으로서 외부의 압력 또는 충격 등으로부터 선로를 보호할 수 있는 기계적 강도를 가진 내부식성 금속관 또는 한국산업표준 KS C 8454(지하에 매설되는 배관의

경우에는 KS C 8455) 동등규격 이상의 합성수지제 전선관으로 명시하고 있음

- 일반적으로 KS C 8454 규격은 옥내용으로, KS C 8455 규격은 옥외 및 공용으로 사용이 가능하므로, 구내간선계에는 옥외용인 KS C 8455 규격으로 시공해야 함

  - 다만, 구내간선구간이 공동구나 지하주차장 등 외부 환경에 영향이 적은 곳에 설치되는 경우 옥내용을 사용할 수 있음

## 질의 3  세대단자함 배관 설치 관련

- 중간단자함에서 세대단자함은 건물간선계로 보아 예비공 포함 2공으로 해야 하는지?

### 답 변

- 일반적으로 건축물에 여러 세대가 있을 경우 국선단자함-중간단자함-세대단자함-인출구의 형태로 설치가 됨

  - 이 중 국선단자함-중간단자함, 중간단자함-중간단자함은 건물간선계에 해당되어 구내통신설비 기술기준 제28조제2항에 따라 예비배관 1공을 포함한 2공의 배관을 설치하여야 함

- 하지만, 중간단자함-세대단자함 구간은 수평배선계에 해당되어 별도의 예비배관 설치가 필요하지 않음

## 질의 4 │ 건축물 증설 시 기존 건축물과의 인입배관 관련

- 같은 대지 내에 기존 건축물에서 또 하나의 건축물 증설 시 기존 건축물과 광케이블로 연동하기 위하여 국선 인입배관을 COD(36C×4공) 배관으로 사용할 때 국선 인입배관 규정에 의하여 내경 36C 이상의 예비배관을 2공 이상 확보해야 하는지?

- 지중 인입배관 작업 시 모래를 타설해야 하는 규정이 있는지?

### 답 변

- 동일 구내에서 건물과 건물사이의 배선을 위해 설치하는 배관은 구내간선계 배관임

  - 따라서, 구내통신설비 기술기준 제28조제5항제2호에 따른 케이블 단면적 총합계가 배관 단면적의 32% 이하를 만족하는 크기의 배관을 같은 조 제2항에 따라 예비공 포함 2공 이상으로 설치하여야 함

  - 또한 COD관 내의 4개의 배관이 한국산업표준에 적합한 배관으로써 건축물의 용도별 국선 인입배관의 내경 기준을 만족하는 경우에는 설치할 수 있음

- 다만, 증축된 별도의 건축물까지 사업자의 국선을 인입하는 경우에는 제27조의 규정에 따라 주거용 및 기타건축물은 1공 이상의 예비공 포함 2공 이상, 업무용 건축물의 경우에는 2공 이상의 예비공 포함 3공 이상의 국선 인입배관을 설치해야 함

- 구내통신설비 기술기준에서는 지중 인입배관 작업 시 모래 타설 관련 규정은 별도로 규정하고 있지 않으나, 배관 파손을 예방하는 등 시공품질 향상을 위하여 모래 타설을 권장함

  - 자세한 사항은 시방서 등을 참고하여 시공

### 질의 5    공동주택의 경우 구내배관 설치 관련

- 공동주택의 경우 세대단자함 설치 시 중간단자함부터 세대단자함간 배관은 함과 함을 연결하는 것이므로 정보통신케이블 배관과 예비배관을 함께 설치하여야 한다고 판단되는데 설치하여야 하는지?

#### 답 변

- 중간단자함과 세대단자함을 연결하는 구간은 수평배선계에 해당함
  - 따라서, 구내통신설비 기술기준 제28조제2항의 건물간선계나 구내간선계에 해당되지 않으므로 별도의 예비배관을 설치할 필요 없음

### 질의 6    구내배관 설치방법 관련

- 4층의 기숙사 건물 용도로, 층별 기숙사실 개수는 1F(4개실), 2F(8개실), 3F(8개실), 4F(8개실)임
  - 기숙사 1실별 통신 인출구는 2개소, 중간단자함 시설은 1F (1F, 2F 담당), 3F(3F, 4F 담당)
  - 배관의 시설방법은 2층의 예로 '1층 통신단자함⇒기숙사 1호실 인출구1⇒ 기숙사 1호실 인출구2'의 매입배관으로 시공됨
- 배관의 1구간이라 함은 중간단자함⇒인출구1⇒인출구2 까지 전체의 구간인지?
  - 중간단자함⇒인출구1 또는 인출구1⇒인출구2 까지로 각각을 1구간이라 하는지?

## 답변

- 배관의 1구간이라 함은 배관이 인출구 또는 단자함으로 연결되는 연속된 하나의 구간을 의미함

    - 따라서, 질의내용의 중간단자함⇒인출구1, 인출구1⇒인출구2가 각각 배관 1구간이 됨

## ■ 국선수용 및 국선단자함 등(제29조)

**제29조(국선수용 및 국선단자함 등)** ① 구내로 인입된 국선은 구내선과의 분계점에 설치된 주단자함 또는 주배선반(이하 "국선단자함" 이라 한다)에 수용하여야 한다.
② 국선단자함은 다음 각호와 같이 구분하여 설치하여야 한다. 다만, 구내교환기를 설치하는 경우에는 주배선반에 수용하여야 한다.
  1. 광섬유케이블 또는 300회선 미만의 동케이블을 수용하는 경우 : 주단자함 또는 주배선반
  2. 300회선 이상의 동케이블을 수용하는 경우 : 주배선반
③ 국선단자함은 다음 각호와 같이 설치 및 관리를 하여야 한다.
  1. 이용자는 국선단자함 및 구내케이블을 수용하기 위한 단자를 설치하고 운영·관리를 하여야 한다.
  2. 사업자는 국선을 수용하기 위한 단자 및 보호기를 국선단자함에 설치하여야 한다. 다만, 국선이 광케이블인 경우는 보호기를 설치하지 아니할 수 있다.
  3. 사업자는 보호기를 설치하는 경우 국선단자함에서 보호기를 통하여 국선과 이용자 구내케이블간의 회선접속을 하여야 하며, 이용자가 회선접속 정보를 요구할 경우에는 관련 정보를 제공하여야 한다.
④ 국선단자함은 다음 각호의 요건을 갖추어야 하며 세부사항은 별표 4와 같다.
  1. 국선난자함은 국선수용 단자, 단자반 및 보호기를 설치할 수 있는 충분한 공간 및 구조를 갖추어야 하며 관로의 분계점과 가장 가까운 곳에 설치하여야 한다.
  2. 국선단자함은 실내에 설치하고 다음 각목의 장소에 설치하여서는 아니되며, 선로를 수용할 단자함의 하부는 바닥으로부터 30㎝ 이상에 시설되어야 한다.
    가. 세면실, 화장실, 보일러실, 발전기계실
    나. 분진·유해가스 및 부식증기를 접하는 장소
    다. 소화 호수시설을 갖춘 벽장 내
⑤ (삭제, 2013.11.18.)
⑥ 공동주택 및 업무용건축물을 제외한 연면적 합계 5천제곱미터 미만의 건축물에는 종합유선방송 신호의 분배를 위한 증폭기와 분배기, 보호기 등을 국선단자함에 설치할 수 있다. 다만, 집중구내통신실을 설치한 경우에는 그러하지 아니하다.
⑦ 제6항에 따른 국선단자함은 제1항부터 제4항 및 다음 각 호의 기준에 맞도록 설치해야 한다.
  1. 국선단자함 내부에는 절연보조장치와 통풍구 등을 설치할 것
  2. 용도별 회선설비와의 접속 및 선로설비의 수용을 원활하게 수행할 수 있도록 격벽을 설치하고 충분한 공간을 확보할 것
  3. 용도별 설비의 설치 시 타 설비에 피해를 주지 않아야 하며, 설비 상호간 기능에 장해를 주지 아니할 것

## [별표 4](제29조제4항 관련)

### 국선단자함 등의 요건

| 구 분 | | 주배선반 또는 주단자함 | |
|---|---|---|---|
| | | 동케이블 | 광섬유케이블 |
| 케이블의 전기적 특성 | 절연저항 | 50MΩ 이상 | - |
| | 접속저항 | 0.01Ω 이하 | - |
| 단자함의 구성 요건 | 보호 및 지지물 | 함체 또는 지지대 | |
| | 단자 또는 접속어댑터 | 배선 케이블 등급과 동등 이상의 성능 | 삽입손실 0.5 dB 이하[주3] |
| | 회선표시물 | 각인 또는 표시판[주4] | |
| | 개폐장치 | 잠금장치가 구비된 문 | |
| | 보호장치 | 휴지 기능, 피뢰 기능 및 접지 기능 | 접지 기능 |
| | 전원시설 | AC 전원단자 | |
| | 크기 | 0.2㎡ 이상(깊이 80mm 이상, 한 변의 길이 400mm 이상)[주5] | |

주) 1. 절연저항 측정조건 : 상온 및 상습상태에서 보호·지지물과 접속자간 및 접속자 상호간
   2. 접속저항 측정조건 : 정상배선 연결시 접속자와 배선간
   3. 삽입손실은 광섬유케이블 접속에 대한 손실임
   4. 제29조제7항의 경우 국선단자함과 종합유선방송설비를 구분하여 표시할 것
   5. 제29조제7항에 따른 국선단자함의 크기는 0.56㎡ 이상(깊이 130mm 이상, 한 변의 길이 700mm 이상)일 것. 다만, 「건축법 시행령」 별표 1의 제1호 가목에 해당하는 단독주택은 그러하지 아니하다.
   6. (삭제, 2013.11.18.)
   7. 외부에 노출되게 설치되는 주배선반은 잠금장치를 구비할 것
   8. 국선단자함과 장치함을 별도로 설치하는 경우에는 국선단자함과 장치함 구간에 28mm 이상 배관 1개 이상을 설치할 수 있다.

**(의의)**

- 국선의 수용 방법 및 국선단자함의 국선 수에 따른 구분 및 설치 방법과 요건 제시, 소규모 건축물의 국선단자함에 종합유선방송 수신설비 설치허용 규정 도입

**(해설)**

- (제1항) 외부로부터 인입된 국선은 이용자가 국선 접속을 위해 설치한 국선단자함(주단자함 또는 주배선반)에 수용해야 함

- (제2항) 300회선 이상의 통신선을 수용하거나 구내교환기를 설치하는 경우에는 배선의 접속 및 관리를 위해 주배선반을 이용하여 국선과 구내선을 연결하여야 함

    - 300회선 미만의 경우에는 상황에 맞게 주단자함 또는 주배선반을 선택하여 사용가능

    - 광섬유케이블을 연결하는 경우에는 광케이블용 주배선반 또는 주단자함 중 어느 형태의 사용도 가능함

- (제3항) 국선단자함 설치관리 기준

    - 이용자는 국선단자함과 구내케이블 수용을 위한 단자 설치 및 해당 시설의 운용관리 책임을 가짐

    - 사업자는 구내로 인입된 국선을 수용하기 위한 단자와 외부로부터의 벼락 등 과전압/과전류 차단을 위한 보호기를 이용자가 설치한 국선단자함에 설치하여야 하며, 국선이 광케이블일 경우는 보호기를 설치하지 아니할 수 있음

    - 사업자는 국선단자함에서 서비스 제공을 위한 국선을 이용자의 구내케이블과 접속하여야 하며, 관련 정보에 대한 이용자 제공 의무를 가짐

- **(제4항) 국선단자함의 요건**

  - 국선단자함에는 전화, 인터넷 등 통신서비스 제공에 필요한 국선수용단자, 단자반, 보호기 등의 기기를 설치

  - 국선단자함은 이를 수용하고 작업에 용이한 충분한 공간을 가진 크기와 구조를 갖추어야 함

  - 국선단자함은 건축물의 내부(실내)에 설치하며, 국선인입관로가 건축물 내부로 인입되는 가장 가까운 위치에 설치하여야 함

    ※ 국선단자함이 실외에 설치되는 경우 습기나 오염물질에 의해 쉽게 손상되어 통신소통에 지장을 주는 경우가 많아 실내에 설치하도록 명시

  - 국선단자함은 하부가 바닥으로부터 30㎝ 이상 높이에 시설하여야 함
    · 침수 등에 의해 국선단자함에 설치된 국선접속설비의 훼손 또는 통신서비스의 기능이상을 방지하기 위한 목적임
    · 이중마루 위에 국선단자함을 설치하는 경우에도 이중마루의 상면이 아닌 바닥면으로부터 30㎝ 이상의 높이를 확보해야 함

  - 설비의 부식의 우려가 있는 세면실, 화장실, 보일러실, 발전기계실, 분진·유해가스 및 부식증기를 접하는 장소, 소화 호수시설을 갖춘 벽장 내 등에 설치 금지

- **(제6항)** 공동주택과 업무용 건축물을 제외한 연면적 합계 5,000㎡ 미만의 건축물에서 종합유선방송수신용 증폭기, 분배기, 보호기 등의 국선단자함 내 설치 허용

  - 공동주택 및 바닥면적 합계 5,000㎡ 이상의 업무시설이나 숙박시설은 종합유선방송을 포함한 방송 공동수신설비의 설치를 위한 별도의 장치함이 설치되므로 대상에서 제외

  - 집중구내통신실이 설치된 건축물은 주배선반이 설치되므로 대상에서 제외

- (제7항) 제6항에 따른 국선단자함의 요건

    - 국선단자함 내부에 절연보조장치(설치패널)와 통풍구 설치

    - 각 용도별 회선설비와의 접속 및 선로설비의 설치가 용이할 수 있도록 격벽을 설치하여 설치위치를 구분(국선단자함 개폐문에 구분 표시)하고, 종합유선방송 수신설비로부터의 전자유도 등에 의한 신호간섭이 우려되는 경우 금속재질의 격벽 사용

    - 각 용도별 설비의 설치 시 타 용도의 설비를 훼손하지 않아야 하며 설비 상호간 기능 수행에 지장을 주어서는 안됨

    - 국선단자함은 종합유선방송 수신설비의 수용을 위해 0.56㎡ 이상(깊이 130㎜ 이상, 한 변의 길이 70㎜ 이상)의 크기를 확보해야 하며 다만, 「건축법 시행령」[별표 1]의 제1호 가목에 해당하는 단독주택에서는 국선단자함 내에 종합유선방송 수신을 위한 증폭기 등의 설비를 설치하지 않으므로 현행 크기 기준을 적용함

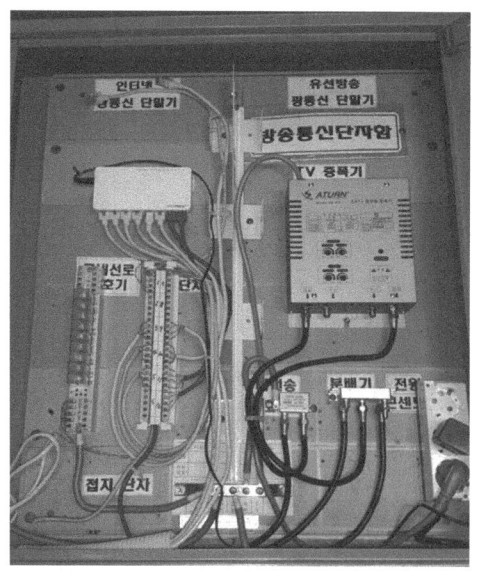

## (적용 시 유의 사항)

- 실내의 범위는 문, 벽, 창 등으로 둘러싸인 밀폐된 공간을 의미함

  - 1층 전체가 주차장인 경우라도 외벽이 없는 경우에는 현관문 안쪽에 설치하여야 하며, 외벽이 있더라도 제4항제2호에 해당하는 장소에는 설치할 수 없음

- [별표 4] 주1의 절연저항 측정조건에서 상온 및 상습상태의 범위는 상온(15~35℃), 상습(45~75%)을 말함

  - 「무선설비 적합성평가 시험방법」(KS X 3123) 참조

- 국선단자함이 구내통신설비 기술기준 [별표 4]의 요건에 명시하는 조건을 만족하는 경우에는 금속 이외의 재질도 사용이 가능하며, 이 경우 함체에 대한 접지시설은 설치하지 않아도 되나 수용되는 케이블이 동케이블인 경우에는 보호기용 접지시설을 해야 함

- 국선단자함과 중간단자함은 세대가 공용으로 이용하는 설비로 계단 등 건축물 실내의 공용부분에 설치되어야 함

- 제29조제6항 및 제7항의 경우는 국선단자함 내에 종합유선방송 수신설비(증폭기 등) 외의 방송 수신설비를 설치할 수 없음

### 질의 1  국선단자함의 재질 관련

- 구내통신설비 기술기준 제29조제4항에 명시되어 있는 국선단자함 등의 요건에 충족된다면 금속 이외의 재질도 사용가능한지?

#### 답 변

- 구내통신설비 기술기준 제29조의 국선단자함의 요건에는 별도의 재질을 규정하고 있지 않으며, 해당 조항에서 명시하는 조건을 만족하는 경우에는 금속 이외의 재질로 된 국선단자함도 사용이 가능함

- 다만, 수용되는 케이블이 동케이블인 경우에는 보호기용 접지시설을 해야 함


### 질의 2  국선단자함 및 장치함 설치위치 관련

- 국선단자함 및 장치함을 실외에 설치할 수 있는지?

#### 답 변

- 구내통신설비 기술기준 제29조제4항제1호 및 제2호에 따라 관로 분계점과 가장 가까운 곳의 실내에 국선단자함을 설치해야 함

- 또한 방송공동수신설비 설치기준 제3조의2제3항제2호에 따라 장치함은 계단이나 복도 등 실내 공용부분에 설치해야 함

- 따라서, 국선단자함과 장치함은 실내에 설치하여야 하며 관로 분계점에서 가장 가까운 곳 등 관련 규정에 충족되도록 설치해야 함

### 질의 3 | 건축물에 방송 공동수신설비에 해당하는 설비 전체가 아닌 종합유선방송(CATV)수신설비만을 설치하고자 할 때 통신용 국선단자함 사용 가능 여부

- 구내통신설비 기술기준 제29조, 방송공동수신설비 설치기준 제2조제1항제11호와 관련하여 각각 기술기준에는 국선 단자함과 장치함을 용어상 구분하고 있음

  - 이때 방송공동수신설비에 해당하는 모든 설비가 아닌 종합유선방송(CATV) 설비만을 설치하고자 할 때 기존의 통신용 국선단자함에 이를 수용할 수 있는지?

**답변**

- 국선단자함은 구내통신설비 기술기준에 따라 구내통신설비를 수용하기 위한 함체이며 장치함은 방송공동수신설비 설치기준에 따라 방송공동수신설비 수용하기 위한 함체로서 그 용도와 목적이 상이하므로 통합하여 사용하는 것은 적절하지 않음

  - 다만, 구내통신설비 기술기준 제29조제6항에 따라 공동주택 및 업무용 건축물을 제외한 연면적 합계 5,000㎡ 미만의 건축물에 집중구내통신실이 설치되어 있지 않은 경우 종합유선방송 수신설비(증폭기, 분배기, 보호기 등)에 한하여 국선단자함 내에 설치할 수 있도록 허용하고 있음

### 질의 4 | 국선단자함의 요건 중 상온 및 상습상태 범위

- 기술기준 [별표 4]에는 국선단자함 등의 요건을 규정하고 있으며, 주)1에는 절연저항 측정조건에 대한 설명이 있는데, 설명 내용 중 상온 및 상습상태의 구체적인 범위가 어떻게 되는지?

## 답변

- 구내통신설비 기술기준에서 정의하는 상온 및 상습의 세부적인 수치 범위는 「무선설비 적합성평가 시험방법」(KS X 3123)에서 다음과 같이 규정하고 있음

  - 상온이라 함은 15~35℃ 범위의 온도
  - 상습이라 함은 45~75% 범위의 습도

- 따라서, 이 국가표준에서 규정한 온도 및 습도 범위를 적용하면 됨

### 질의 5 단자함 설치 가능 위치 관련

- 다음의 경우에 단자함 설치 위치에 가능한지?

  - 실외에 임시가벽을 세워서 설치
  - 근린생활시설 및 단독주택에서 계단이 아닌 실(방)안에 설치

## 답변

- 구내통신설비 기술기준 제29조 및 제30조에 따라 국선단자함 및 중간단자함 등의 단자함은 실내에 설치하여야 하므로, 실외에 임시가벽을 세워서 설치할 수 없음

- 세대단자함이 아닌 국선단자함과 중간단자함은 세대가 공용으로 이용하는 설비로 계단 등 건축물의 실내 공용 부분에 설치되어야 함

  - 따라서, 세대 공간 안에 설치하는 세대단자함은 계단이 아닌 실(방) 안에 설치가 가능하지만, 국선단자함 및 중간단자함은 그러하지 않음

## 질의 6  공동주택 MDF 설치기준 관련

- 최근 대부분의 공동주택(아파트)내에는 통신장비 운용을 위한 주배선반(MDF : Main Distribution Frame)이 설치되고 있음

    - MDF실의 물리적인 규격과 MDF실의 운용상 온도 및 습도 허용규격에 대한 권고사항 또는 강제사항이 있는지?

- 권고사항 또는 강제사항이 있는 경우, 그 규격에 미달하는 경우에는 어떤 행정처분 또는 행정지도를 받게 되는지?

### 답 변

- 기술기준규정 제19조제2호에 따라 주거용 건축물 중 공동주택에는 집중구내통신실을 확보하여야 하며, 건축물의 세대 규모에 따라 집중구내통신실의 면적을 정하고 있음

- 집중구내통신실에 대한 다른 물리적인 규격은 없음

    - 다만, 구내통신설비 기술기준 제29조제4항 및 [별표 4]에 따른 설치요건을 준수하여야 함

- 기술기준규정 및 구내통신설비 기술기준에서 제시된 사항은 강제사항이며, 건축물의 이용 승인 시 필요한 사용 전 검사에서 관련 사항을 확인하도록 되어 있음

    - 또한 「정보통신공사업법」 제36조에는 사용 전 검사를 득한 후 정보통신설비를 사용하도록 하고 있으며, 같은 법 제75조에서는 이를 지키지 않은 경우에 대한 벌칙을 제시하고 있음

### 질의 7 　공동주택 MDF 설치기준 관련

- 단독주택의 주차장 안에 국선단자함을 설치해도 되는지? 주차장의 출입구가 슬라이딩 도어 형태로서 수시 또는 상기 개방되는 구조임

**답 변**

- 구내통신설비 기술기준 제29조제4항제2호에 따라 국선단자함은 강우나 습기, 외부 유해가스 등으로부터 통신설비의 훼손을 방지하지 위하여 다음과 같은 장소 이외의 실내에 설치해야 하며 바닥으로부터 30cm 이상의 위치에 시설되어야 함

    - 세면실, 화장실, 보일러실, 발전기계실
    - 분진·유해가스 및 부식증기를 접하는 장소
    - 소화 호수시설을 갖춘 벽장 내

- 실내란 문이나 벽, 창 등으로 둘러싸인 밀폐된 공간을 말하는 것으로 이러한 요건을 모두 갖는 주차장에는 국선단자함을 설치할 수 있으나, 주차장의 출입구가 슬라이딩 방식의 셔터문으로서 수시 또는 상시 개방되는 경우 상기의 요건을 만족하지 못할 수 있기 때문에 차량의 출입에 필요한 경우가 아니라면 항상 닫아두거나 현관 안쪽에 설치하는 것이 바람직함

- 참고로, 건축물과 떨어진 별도의 임시건축물을 주차장으로 사용하는 경우 이는 실내로 볼 수 없으며, 차량정비소 등에서 셔터문을 설치하여 실내의 조건을 갖추었다 하더라고 정비기계나 차량 등으로부터의 분진이나 유해가스 등이 발생할 수 있으므로 국선단자함을 설치할 수 없음

## ■ 중간단자함 및 세대단자함 등(제30조)

**제30조(중간단자함 및 세대단자함 등)** ① 선로를 용이하게 수용하기 위한 접속함(선로간을 직접 연결하기 위한 함) 또는 중간단자함(국선단자함과 세대단자함의 사이에 설치하는 단자함) 등은 국선단자함으로부터 세대단자함까지의 구간 중에서 다음 각호의 하나에 해당하는 장소에 설치되어야 한다.
  1. 제28조제5항제4호의 규정에 부적합한 배관의 굴곡점
  2. 선로의 분기 및 접속을 위하여 필요한 곳
② 주거용건축물 중 공동주택의 경우에는 세대별로 배선의 인입 및 분기가 용이하도록 세대단자함을 설치하여야 한다. 단, 세대내에서 분기가 없는 기숙사 및 주택법시행령 제10조제1항제1호에서 규정하는 원룸형 주택의 모든 요건을 갖춘 주택은 제외한다.
③ 제1항 및 제2항의 규정에 의한 중간단자함 및 세대단자함의 요건은 별표 5와 같다.

**[별표 5](제30조제3항)**

### 중간단자함 또는 세대단자함 등의 요건

| 구 분 | | 중간단자함 또는 세대단자함 | |
|---|---|---|---|
| | | 꼬임케이블 | 광섬유케이블 |
| 케이블의 전기적 특성 | 절연저항 | 50MΩ 이상 | - |
| | 접속저항 | 0.01Ω 이하 | - |
| 단자함의 구성 요건 | 보호 및 지지물 | 함체 또는 지지대 | |
| | 단자 또는 접속어댑터 | 배선 케이블 등급과 동등 이상의 성능 | 삽입손실 0.5dB 이하[주5] |
| | 회선표시물 | 각인 또는 표시판 | |
| | 개 폐 장 치 | 문[주6] | |
| | 보 호 장 치 | 접지기능[주7] | 접지 기능 |
| | 전 원 시 설 | AC전원 단자[주8] | AC 전원단자 |

주) 1. 절연저항 측정조건 : 상온 및 상습상태에서 보호·지지물과 접속자간 및 접속자 상호간
    2. 접속저항 측정조건 : 정상배선 연결시 접속자와 배선간
    3. 함체의 크기는 필요한 용량을 충분히 수용할 수 있고 작업에 지장이 없을 것
    4. 보호장치의 접지기능은 함체가 금속으로 된 경우에 한한다.
    5. 삽입손실은 단자함 내의 광섬유케이블 접속에 대한 손실임
    6. 중간단자함은 잠금장치를 구비할 것
    7. 세대단자함의 보호장치는 홈네트워크설비를 설치하는 경우에 한한다.
    8. 중간단자함과 세대단자함의 전원시설은 홈네트워크설비를 설치하는 경우에 한한다.

## (의의)

- 접속함 또는 중간단자함 등의 설치기준, 성능 및 규격 등 필요한 구성요건을 정의함

## (해설)

- (제1항) 제28조제5항제4호를 만족하지 못하는 굴곡개소를 갖는 곳이나 선로의 분기 및 접속을 위해 필요한 곳에는 접속함 또는 중간단자함을 설치하여 선로의 유지 관리 및 접속을 용이하게 하여야 함
- (제2항) 공동주택에는 세대 내의 배선의 분기 및 접속을 용이하게 하기 위해 세대단자함을 설치함
  - 세대 내 분기가 없이 하나의 인출구만 설치된 기숙사 또는 「주택법 시행령」 제10조제1항제1호에 따른 원룸형 주택의 모든 요건을 갖춘 주택은 세대단자함을 설치하지 않을 수 있음

    ※ 「주택법 시행령」 제10조제1항제1호 [시행 2018.12.13][대통령령 제29360호, 2018.12.11]
    1. 원룸형 주택 : 다음 각 목의 요건을 모두 갖춘 공동주택
       가. 세대별 주거전용면적은 50제곱미터 이하일 것
       나. 세대별로 독립된 주거가 가능하도록 욕실 및 부엌을 설치할 것
       다. 욕실 및 보일러실을 제외한 부분을 하나의 공간으로 구성할 것. 다만, 주거전용면적이 30제곱미터 이상인 경우에는 두 개의 공간으로 구성할 수 있다.
       라. 지하층에는 세대를 설치하지 아니할 것

## (적용 시 유의 사항)

- [별표 5]의 주) 6은 중간단자함이 계단, 복도 등 일반인의 왕래가 자유로운 곳에 설치될 경우 잠금장치를 하여 통신설비를 보호하라는 의미임
- 지능형 홈네트워크 설비의 설치유무와 관계없이 세대단자함이 금속 재질인

경우에는 접지시설을 해야 함

- 일부만 금속으로 된 중간단자함의 경우에도 불량 접촉으로 인체나 설비에 영향을 줄 수 있으므로 접지를 하여야 함

- 신발장이나 드레스룸 등에 세대단자함을 설치하는 경우 내부 적재물에 의한 분진이나 습기의 영향을 받을 수 있으며 이는 설비의 기능장해나 누전 등에 의한 화재의 원인이 될 수 있기 때문에 세대단자함은 주변 구조물이나 설비 등에 의해 운영과 관리에 지장을 주지 않는 독립된 노출 장소에 설치할 것을 권고함

### 질의 1 　세대단자함의 보호장치 접지 관련

- 중간단자함 등의 요건에서 세대단자함의 보호장치는 홈네트워크설비를 설치하는 경우에 갖추도록 되어 있음
  - 여기서 보호장치란 접지를 말하는 것인지 아니면 다른 부착기기를 말하는 것인지?

#### 답 변

- 구내통신설비 기술기준 제5조제1항에서는 교환설비·전송설비 및 통신케이블과 금속으로 된 단자함(구내통신 단자함, 옥외분배함 등)·장치함 및 지지물 등이 사람이나 방송통신설비에 피해를 줄 우려가 있을 때에는 접지하도록 규정하고 있음
  - 따라서, 홈네트워크 설비의 설치여부와 관계없이 세대단자함의 함체가 금속인 경우 접지를 하여야 하며, 별도의 부착기기를 설치하라는 것은 아님

### 질의 2 　단자함의 접지 설치 관련

- 구내통신설비 기술기준 제30조제3항 관련 [별표 5] 중간단자함 등의 요건의 주) 4와 관련하여 보호장치의 접지기능은 함체가 금속이 아닌 경우에는 접지시공을 하지 않아도 되는지?

- 주) 7과 관련하여 세대단자함의 보호장치는 홈네트워크를 설치하지 않은 경우에는 접지시공을 하지 않아도 되는지?

- 홈네트워크를 설치하는 경우 세대단자함이 금속이 아닌 경우에는 접지시공을 하지 않아도 되는지?

- 홈네트워크를 설치한다는 기준은 홈네트워크 설치에 따른 인증을 받는 경우에

## 제2장 착공 전 설계도 확인 및 사용 전 검사 기술기준 해설 및 질의답변
### III. 접지설비·구내통신설비·선로설비 및 통신공동구등에 대한 기술기준

만 해당 되는 것인지? 아니면 관련 기능의 장비를 설치하는 경우 모두에 해당이 되는 것인지?

### 답 변

- 구내통신설비 기술기준 [별표 5]의 주) 4에서 보호장치의 접지기능은 함체가 금속으로 된 경우로 한정하고 있으므로 단자함이 금속이 아닌 경우에는 접지시설을 하지 않아도 됨

  – 다만, 세대단자함 내에 접지시설을 필요로 하는 설비가 수용되면 이를 위한 접지시설을 해야 하며, 비금속 재질의 함체에 대한 접지를 하지 않아도 된다는 의미임

- 세대단자함의 보호장치는 홈네트워크를 설치하는 경우로 한정하고 있으므로 홈네트워크를 설치하지 않는 경우에는 보호장치를 하지 않아도 무방하나, 이러한 경우라도 주) 4에 따라 세대단자함이 금속으로 되었다면 접지시설을 해야 함

- 홈네트워크를 설치하는 경우라도 세대단자함이 금속이 아닌 경우에는 주) 4에 따라 단자함에는 접지시공을 하지 않아도 됨

- 본 조항에서 의미하는 홈네트워크 설비는 과학기술정보통신부에서 운영하는 「홈네트워크 건물 인증」과는 무관하게, 「주택건설기준 등에 관한 규정」제32조의2에서 정의하는 홈네트워크 설비가 설치되는 경우를 의미함

  ※ 홈네트워크 설비 : 주택의 성능과 주거의 질 향상을 위하여 세대 또는 주택단지 내 지능형 정보통신 및 가전기기 등의 상호 연계를 통하여 통합된 주거서비스를 제공하는 설비

### 질의 3 중간단자함의 접지 설치 관련

- 국선단자함의 접지를 중간단자함까지 연결하여 접지시공 했을 경우 오히려

과전압이나 서지 등의 영향을 더 받을 것으로 생각되는데, 중간단자함에 접지를 꼭 해야 하는지?

## 답 변

- 구내통신설비 기술기준 제5조제1항에 따라 금속으로 된 단자함은 접지를 하도록 규정하고 있으므로 금속으로 된 중간단자함 또한 접지를 하여야 함
  - 과전류 또는 과전압이나 서지는 연결된 접지를 통해 대지로 소산되어 설비 및 인명의 안전을 확보할 수 있음

### 질의 4 단자함의 재질에 따른 접지 설치 관련

- 단자함의 본체는 비전도성 재질이고, 덮개에 해당하는 것만 steel 재질일 때 접지를 설치할 필요가 없는지?

## 답 변

- 일부만 금속으로 된 단자함이라도 불량 접촉으로 인체나 설비에 영향을 줄 수 있는 경우는 접지를 하여야 함
  - 따라서, 덮개만 금속재질인 경우에도 접지를 설치하여야 함

### 질의 5 중간단자함 및 세대단자함 설치 위치

- 국선단자함은 제29조제4항제2호에 따라서 설치하여서는 안되는 장소가 있지만 중간단자함 및 세대단자함은 설치하여서는 안되는 장소가 없음. 구내통신설비 기술기준 제29조의 설치 금지 장소에 중간단자함 및 세대단자함을 설치해도 되는지 여부?

## 답변

- 국선단자함과 동일하게 중간단자함 및 세대단자함도 설비의 부식 우려가 있는 세면실, 화장실, 보일러실, 발전기계실, 분진·유해가스 및 부식증기를 접하는 장소, 소화 호수시설을 갖춘 벽장 내 등에 설치 금지하는 것이 타당함

### 질의 6  단독주택(다가구주택)에서 세대 내 분기가 발생하는 경우 세대단자함 설치 여부

- 단독주택(다가구주택-2세대 이상)의 경우 각 세대 내에 2개소 이상 인출구 설치로 인해 분기점이 발생하는 경우 공동주택처럼 세대단자함을 설치하여야 하는지 또는 생략 가능한지?
  - 현재 공동주택에만 세대단자함 설치를 의무화 하고 있으며 단독주택의 경우 다가구 형식의 여러 세대 주택이 많으나 세대단자 없이 국선단자함 또는 각 층단자함에서 각 세대별 인출구로 직접 1:1 성형 배선하는 경우가 많음

## 답변

- 단독주택의 경우 세대단자함의 설치가 의무사항이 아니므로 성형배선이 가능한 구조로 배선할 수 있으며, 세대단자함을 설치한 경우에는 구내통신설비 기술기준에 맞게 시공하여야 함

### 질의 7  세대단자함 구비 여부

- 세대 내 수구가 1개인 경우에도 세대단자함을 구비해야 하는지?

## 답변

- 세대단자함은 구내통신설비 기술기준 제30조제2항에 따라 주거용 건축물 중 공동주택에 한하여 설치의무를 부여하고 있음

- 단, 세내 내 분기가 없는 기숙사 및 「주택법 시행령」 제10조제1항제1호에서 규정하는 원룸형 주택의 요건을 모두 갖춘 주택에서는 세대단자함을 설치하지 않을 수 있음

- 수구(인출구)의 수 만으로 상기 요건에 해당하는 건축물인지를 판단할 수는 없으나, 상기 요건에 해당하는 건축물로서 세대 내 수구가 1개인 경우에는 세대단자함을 설치하지 않을 수 있음

  – 다만, 상기 요건에 해당하지 않는 건축물에는 세대단자함을 설치해야 함

## ■ 회선종단장치(제31조)

> **제31조(회선종단장치)** ① 주거용건축물의 통신용 인출구는 모듈러잭이나 동축커넥터 또는 광인출구 등으로 종단하여야 한다.
> ② 업무용 및 기타건축물의 경우에는 각 실별(고정된 벽 등으로 반영구적으로 구분된 장소) 단위로 제1항의 통신용 인출구 또는 통신용 단자함으로 종단하여야 한다.
> ③ 인출구의 효율적인 사용을 위하여 통신용선로, 방송공동수신설비, 홈네트워크설비 등을 하나의 인출구로 종단할 경우에는 선로상호간 누화로 인한 통신소통에 지장이 없도록 하여야 한다.

### (의의)

- 구내통신선로설비와 사용자의 단말기기간의 접속을 위한 잭, 커넥터 등의 종단장치 설치 방법을 규정

### (해설)

- (제1항) 주거용 건축물은 세대별로 인입된 1회선 이상의 선로를 1개 이상의 종단장치로 인출구를 만들어 종단하여야 함

  - 인출구의 수는 용도 및 환경에 맞게 설치가 가능(세대 내 1회선 이상이 설치되므로 1개 이상의 인출구 설치)

- (제2항) 업무용 및 기타건축물의 경우 고정된 벽 등으로 구성된 반영구적인 각 실에는 1개 이상의 인출구 또는 통신용 단자함으로 종단하여야 함

- (제3항) 통신용과 방송 공동수신설비 또는 홈네트워크설비의 인출구를 함께 사용할 수 있음

  - 이 경우 상호 근접 설치로 인한 선로 상호간 누화 발생 등으로 인하여 통신소통에 지장이 없도록 해야 함

**(적용 시 유의 사항)**

- 구내통신설비 기술기준에서는 통신용 인출구의 개수에 대한 규정을 마련하고 있지는 않으나, 이용자의 편리를 위하여 실별 1개 이상의 인출구를 설치할 것을 권장함

- 「주택건설기준 등에 관한 규정」 제32조제1항에서는 주거용 건축물의 거실 또는 침실에 구내통신선로설비를 설치하도록 규정하고 있고 또한 주거용 건축물에는 공동주택도 포함되므로 실마다 인출구를 설치하는 것이 타당함

- 기숙사와 같은 공동주택의 경우에 각 실이 각각의 세대가 되므로 각 실별 1회선 이상의 통신회선과 1개 이상의 인출구가 설치되어야 함

## 제2장 착공 전 설계도 확인 및 사용 전 검사 기술기준 해설 및 질의답변
### III. 접지설비·구내통신설비·선로설비 및 통신공동구등에 대한 기술기준

### 질의 1  주거용 건축물의 인출구 설치 관련

- 주거용 2층짜리 단독주택으로 1, 2층 거실에 각각 하나의 전화 단말과 TV 단말이 설치되어 있음

    – 이때, 나머지 방마다 통신단자가 설치되어야 하는지?

**답 변**

- 구내통신설비 기술기준 제31조제1항에서는 주거용 건축물의 통신용 인출구 설치 개수를 규정하고 있지 않으며, 「주택건설기준 등에 관한 규정」 제32조 제1항에서는 주택의 각 세대마다 전화설치장소(거실 또는 침실)까지 구내통 신선로설비를 설치하도록 규정함

    – 거실을 포함한 모든 방마다 통신용 인출구를 설치하지 않을 수 있으나, 이용자의 방송통신서비스 이용편의를 고려하여 최소한의 통신용 인출구를 설치해야 함

- 또한 「주택건설기준 등에 관한 규정」 제42조제2항에 따라 공동주택 각 세대 에는 지상파TV, FM 라디오 및 위성방송 수신안테나와 연결된 단자를 2개소 이상(세대 당 전용면적이 60㎡ 이하인 경우에는 1개소) 설치하도록 규정하고 있음

### 질의 2  공장시설의 통신용 인출구 수량 산정기준 관련

- 공장시설의 통신용 인출구(수구) 수량 산정기준은?

**답 변**

- 구내통신설비 기술기준 제31조제2항에 기타건축물인 공장시설은 고정된

벽 등으로 반영구적으로 구분된 장소별로 인출구를 설치하도록 규정하고 있으며, 이용 용도에 맞게 적절한 수의 인출구를 설치해야 함

### 질의 3  인출구 마감처리 관련

- 인출구 마감처리를 반드시 모듈러 잭으로만 하여야 하는지?

#### 답 변

- 구내통신설비 기술기준 제31조에서는 건축물의 통신용 인출구로서 모듈러잭이나 동축 커넥터 또는 광인출구 등으로 종단하도록 규정하고 있음

### 질의 4  학생기숙사의 인출구 설치 근거 관련

- 교육청에서 발주하는 학생기숙사의 경우 학생들이 전화나 TV를 사용할 일이 없다 하여 방마다 인출구를 설치하지 않으려 하는데, 법(규정)상 꼭 설치해야 하는 근거는?

#### 답 변

- 기술기준규정 제20조제2항에 따라 기숙사와 같은 주거용 건축물의 각 세대에는 4쌍 꼬임케이블 1회선 이상 또는 광섬유케이블 2코아 이상의 통신회선이 설치되어야 함
  - 또한, 구내통신설비 기술기준 제31조제1항에 따라 주거용 건축물의 통신용 인출구를 설치하도록 규정하고 있음
- 따라서, 기숙사는 「건축법 시행령」에서 규정하는 용도별 건축물의 분류에서 공동주택으로 분류되므로 각 실별 1회선 이상의 통신회선과 1개 이상의 인출구가 설치되어야 함

제2장 착공 전 설계도 확인 및 사용 전 검사 기술기준 해설 및 질의답변
III. 접지설비·구내통신설비·선로설비 및 통신공동구등에 대한 기술기준

## ■ 구내통신선의 배선(제32조)

> **제32조(구내 통신선의 배선)** 구내 통신선은 다음 각 호와 같은 선로로 설치하여야 한다.
> 1. 건물간선케이블 및 수평배선케이블은 100 MHz 이상의 전송대역을 갖는 꼬임케이블, 광섬유케이블 또는 동축케이블을 사용하여야 한다.
> 2. 구내간선케이블은 옥외용 꼬임케이블, 옥외용 광섬유케이블 또는 동축케이블을 사용하여야 한다. 다만, 공동구, 지하주차장 등 외부 환경에 영향이 적은 지하에 설치되는 경우에는 옥내용 케이블을 사용할 수 있다.

### (의의)

● 구내 통신선로의 종류 및 최소 성능기준 제시

### (해설)

● 건물간선케이블 및 수평배선케이블은 100MHz 이상의 전송대역 을 갖는 꼬임케이블(cat.5e 등급 이상)과 광섬유케이블, 동축케이블을 사용하여야 함

● 구내간선케이블에 대한 별도의 전송대역폭 성능 기준을 규정하지 않으나 옥외 용도의 케이블을 사용하여야 함

  － 다만, 공동구나 지하주차장 등에서는 외부의 환경 영향 등에 대한 피해의 우려가 적기 때문에 옥내용 케이블의 사용 가능

  － 옥외(Outdoor) 통신선에 대한 규정은 국내에는 별도의 표준이 없으며, 케이블 제조업체는 미국 UL 444 7.3.6항의 요구조건을 따르고 있음

    ※ 'CMX Outdoor'라고 표시된 케이블은 직경 6.35㎜ 보다 작고, UL 1581의 1080절의 수직시료 불꽃 테스트를 통과하고, 6.12절 및 6.13절에 명시된 태양광 저항 테스트와 추위영향 테스트 만족 필요

**(적용 시 유의 사항)**

- 본관과 주변 부속건물의 지하매립 관로 속에 꼬임케이블, 광섬유케이블, 동축케이블을 포설할 경우에 이 구간은 구내간선계로 옥외로 구분됨에 따라 제2호의 구내간선케이블을 사용

    - 다만, 지하매립이 아닌 공동구나 지하주차장 등에서는 외부의 환경 영향 등에 대한 피해의 우려가 적기 때문에 옥내용 케이블의 사용 가능

## 제2장 착공 전 설계도 확인 및 사용 전 검사 기술기준 해설 및 질의답변
### Ⅲ. 접지설비·구내통신설비·선로설비 및 통신공동구등에 대한 기술기준

### 질의 1 　지하 매립관로 관련

- 본관(MDF)과 주변 부속건물의 지하매립 관로 속에 들어가는 전화 간선케이블이 UTP케이블로 설계되어 있음
  - 지하매립 관로부분을 옥내로 해석하여 UTP케이블로 시공해도 무방한지 아니면 옥외로 해석하여 옥외케이블로 시공하는 것이 맞는지?

#### 답 변

- 구내통신설비 기술기준 제32조제2호에서는 구내간선케이블은 옥외용 꼬임케이블, 옥외용 광섬유케이블 또는 동축케이블을 사용하도록 규정하고 있음

- 따라서, 일반적으로 옥내라 함은 건축물 내부를 의미하므로 본관과 주변 부속건물의 지하 매립관로 속에 꼬임 케이블을 포설할 경우에는 구내간선구간으로 옥외로 구분됨에 따라 옥외용 케이블을 사용하여야 함

- 다만, 지하매립을 하지 않는 공동구나 지하주차장 등에서는 외부의 환경 영향 등에 대한 피해의 우려가 적기 때문에 옥내용 케이블의 사용 가능

### 질의 2 　구내간선계에 옥내용 UTP케이블 사용 관련

- 부속건물과의 거리로 인해 구내간선계에 HI PVC 배관 또는 FEP 배관을 사용하여 지중배관을 한 후, 배관 내에 일반 UTP케이블을 사용하여도 되는지?

#### 답 변

- 구내통신설비 기술기준 제32조제2호에 따라 구내간선구간에는 배관의 침수 등으로 인해 꼬임케이블의 특성 저하가 발생할 수 있으므로 옥외용 꼬임 케이블을 사용하여야 함

- 다만, 지하매립을 하지 않는 공동구나 지하주차장 등에서는 외부의 환경 영향 등에 대한 피해의 우려가 적기 때문에 옥내용 케이블의 사용 가능함

- 또한 구내통신설비 기술기준 제28조제5항에 따라 구내에 설치되는 배관은 선로를 보호할 수 있는 기계적 강도를 갖는 내부식성 금속관 또는 한국산업표준 KS C 8454(지중매설 배관은 KS C 8455) 동등 규격 이상의 합성수지제 전선관을 사용해야 함

## ■ 구내배선 요건(제33조)

**제33조(구내배선 요건)** ① 주거용건축물에 설치하는 구내배선은 다음 각호의 기준에 적합하게 설치되어야 한다.
  1. 한 개의 공동주택인 경우에는 별표 11의 제1호 표준도에 준하여야 한다.
  2. 두 개 이상의 공동주택이 하나의 단지를 형성할 때는 별표 11의 제2호 표준도에 준하여야 하며, 국선단자함이 설치된 공동주택에서 각 공동주택별로 구내간선케이블을 설치하여 동단자함에 배선하여야 한다.
  3. 세대단자함에서 각 인출구까지는 성형배선 방식으로 하여야 한다.
  4. 국선단자함에서 세대내 인출구까지 꼬임케이블을 배선할 경우에 구내배선설비의 링크 성능은 100 MHz 이상의 전송특성이 유지되도록 하여야 한다. 다만, 동단자함이 설치 된 경우에는 링크성능 구간은 동단자함에서 세대내 인출구까지로 한다.
  5. 홈네트워크설비를 설치하는 경우에는 홈네트워크 주장치와 홈네트워크 기기간에 꼬임케이블, 신호전송용케이블 등을 사용하여 통신소통에 지장이 없도록 하여야 한다.
  6. 제30조제1항의 각 호에 해당하지 아니하여 국선단자함 또는 동단자함에서 세대단자함 또는 세대 내 인출구까지 직접 배선하는 경우는 수평배선계의 케이블을 설치한 것으로 본다.
② 업무용 및 기타건축물에 설치하는 구내배선은 다음 각호의 기준에 적합하게 설치되어야 한다.
  1. 한 개의 건축물인 경우에는 별표 12의 제1호 표준도에 준하여야 한다.
  2. 하나의 부지에 두 개 이상의 건축물이 있는 경우에는 별표 12의 제2호 표준도에 준하여야 하며, 국선단자함이 설치된 건축물에서 각 건축물별로 구내간선케이블을 설치하여 동단자함에 배선하여야 한다.
  3. 층단자함에서 각 인출구까지는 성형배선 방식으로 하여야 한다.
  4. 국선단자함에서 인출구까지 꼬임케이블을 배선할 경우에 구내배선설비의 링크성능은 100 MHz 이상의 전송특성이 유지되도록 하여야 한다. 다만, 동단자함이 설치된 경우 링크성능 구간은 동단자함에서 인출구까지로 한다.
  5. 제30조제1항의 각 호에 해당하지 아니하여 국선단자함 또는 동단자함에서 인출구까지 직접 배선하는 경우는 수평배선계의 케이블을 설치한 것으로 본다.
③ 제1항제4호 및 제2항제4호의 링크성능 기준은 별표 6과 같다.
④ 통신용선로, 방송공동수신설비, 홈네트워크설비 등을 동일 배관에 함께 수용할 경우에는 선로 상호간 누화로 인하여 통신소통에 지장이 없도록 하여야 한다.
⑤ 구내배선에 사용하는 접속자재는 배선케이블 등급과 동등 이상의 제품을 사용하여야 한다.

[별표 6](제33조제3항 관련)

## 링크성능 기준

1. 꼬임케이블의 링크성능 기준

| 측정항목 | 측정주파수 (MHz) | 기준값 | |
|---|---|---|---|
| | | 100MHz | 250MHz |
| 반사손실 (dB) | 1 | 17.0 이상 | 19.0 이상 |
| | 16.0 | 17.0 이상 | 18.0 이상 |
| | 100.0 | 10.0 이상 | 12.0 이상 |
| | 250.0 | - | 8.0 이상 |
| 감쇠 (dB) | 1.0 | 2.2 이하 | 3.0 이하 |
| | 16.0 | 9.1 이하 | 8.0 이하 |
| | 100.0 | 24.0 이하 | 21.3 이하 |
| | 250.0 | - | 35.9 이하 |
| 근단 누화손실 (dB) | 1.0 | 60.0 이상 | 65.0 이상 |
| | 16.0 | 43.6 이상 | 53.2 이상 |
| | 100.0 | 30.1 이상 | 39.9 이상 |
| | 250.0 | - | 33.1 이상 |
| 근단 누화 전력합 손실 (dB) | 1.0 | 57.0 이상 | 62.0 이상 |
| | 16.0 | 40.6 이상 | 50.6 이상 |
| | 100.0 | 27.1 이상 | 37.1 이상 |
| | 250.0 | - | 30.2 이상 |
| 원단감쇠대누화비 (dB) | 1.0 | 57.4 이상 | 63.3 이상 |
| | 16.0 | 33.3 이상 | 39.2 이상 |
| | 100.0 | 17.4 이상 | 23.3 이상 |
| | 250.0 | - | 15.3 이상 |
| 원단감쇠대누화비전력합 (dB) | 1.0 | 54.4 이상 | 60.3 이상 |
| | 16.0 | 30.3 이상 | 36.2 이상 |
| | 100.0 | 14.4 이상 | 20.3 이상 |
| | 250.0 | - | 12.3 이상 |
| 전달지연(ns) | 10.0 | 555 이하 | 555 이하 |
| 전달지연변이(ns) | 10.0 | 50 이하 | 50 이하 |

## 2. 광섬유케이블의 링크성능 기준
### 가. 공동주택 및 업무용건축물

| 종류 | 파장 (nm) | 채널손실 |
|---|---|---|
| 단일모드 | 1,310 | 7dB 이하 |
| | 1,550 | 7dB 이하 |
| 다중모드 | 850 | 13dB 이하 |
| | 1,300 | 9dB 이하 |

주) 링크성능은 집중구내통신실에서 광섬유케이블의 종단 (세대단자함 또는 인출구)까지의 기준임

### 나. 공동주택 외 주거용 건축물 및 기타건축물

| 종류 | 파장 (nm) | 채널손실 |
|---|---|---|
| 단일모드 | 1,310 | 3.45dB 이하 |
| | 1,550 | 3.45dB 이하 |

주) 링크성능은 국선단자함에서 광섬유케이블의 종단 (세대단자함 또는 인출구)까지의 기준임

## [별표 11] (제33조제1항 관련)
### 주거용건축물의 구내배선 표준도

**1. 한 개의 공동주택인 경우**

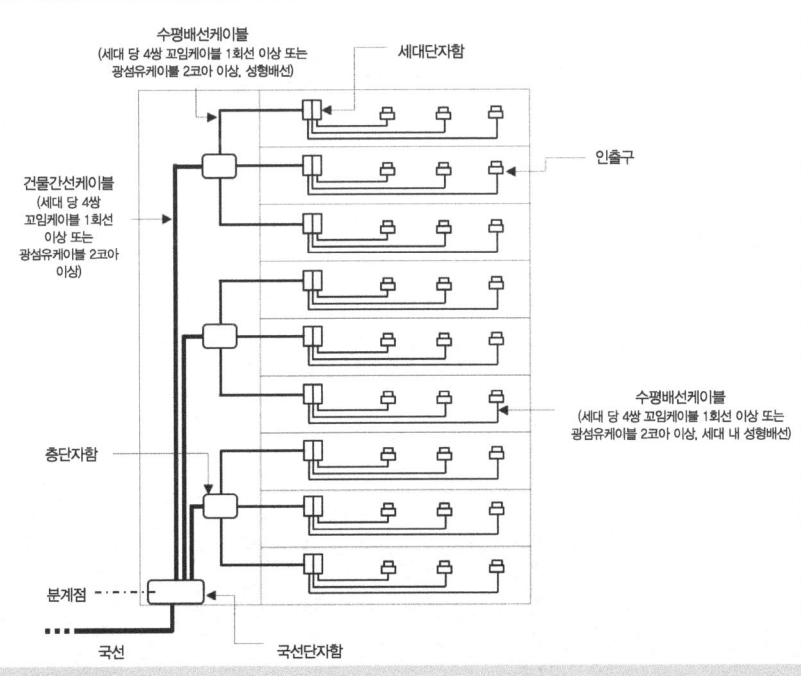

주) 단독주택의 구내 배선 시, 건축물의 규모를 고려하여 이 표준도를 신축적으로 적용할 수 있다.

## 2. 두 개 이상의 공동주택인 경우

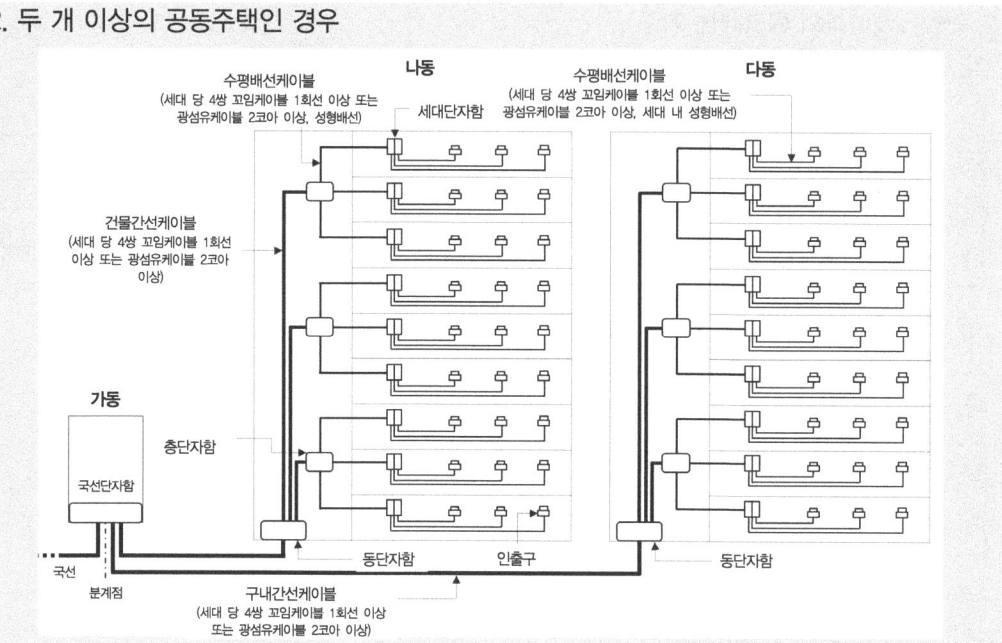

주) 국선단자함과 동단자함이 광다중화 기능을 갖는 경우, 구내간선케이블은 광섬유케이블 8코아 이상, 동단자함에서 세대단자함 또는 인출구까지의 건물간선케이블 및 수평배선케이블은 단위세대당 1회선(4쌍 꼬임케이블 기준) 이상 또는 광섬유케이블 2코아 이상으로 설치할 수 있다.

## [별표 12] (제33조제2항 관련)
### 업무용 및 기타건축물의 구내배선 표준도

### 1. 한 개의 건축물인 경우

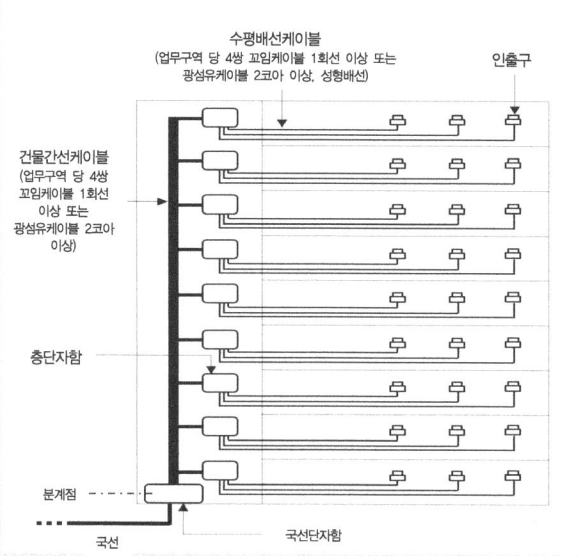

## 제2장 착공 전 설계도 확인 및 사용 전 검사 기술기준 해설 및 질의답변
### Ⅲ. 접지설비·구내통신설비·선로설비 및 통신공동구등에 대한 기술기준

### 2. 두 개 이상의 건축물인 경우

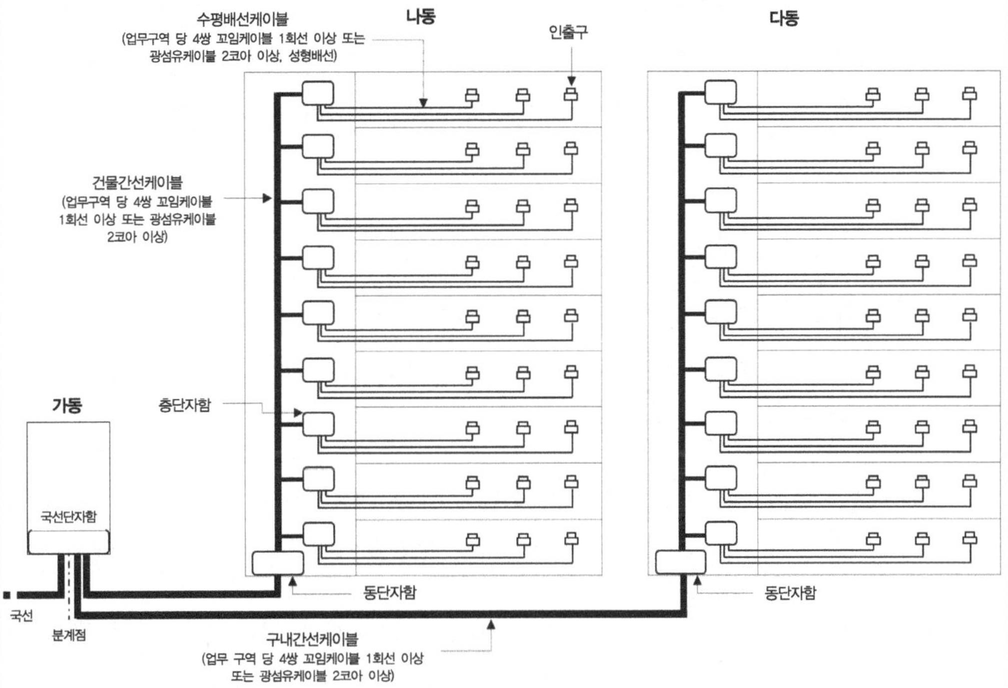

[그림: 두 개 이상의 건축물(가동, 나동, 다동)의 구내배선 구성도 - 국선단자함, 동단자함, 층단자함, 건물간선케이블, 수평배선케이블, 구내간선케이블, 인출구 등 표시]

주) 국선단자함과 동단자함이 광다중화 기능을 갖는 경우, 구내간선케이블은 광섬유케이블 8코아 이상, 동단자함에서 세대단자함 또는 인출구까지의 건물간선케이블 및 수평배선케이블은 각 업무구역(10제곱미터) 당 1회선(4쌍 꼬임케이블 기준) 이상 또는 광섬유케이블 2코아 이상으로 설치할 수 있다.

### (의의)

● 건축물 구분에 따른 구내배선의 설치 기준 및 요건 제시

### (해설)

● (제1항) 주거용 건축물의 구내배선 기준

– 하나의 건축물로 이루어진 공동주택은 국선단자함(집중구내통신실)으로부터 건물간선케이블과 수평배선케이블을 설치함([별표 11]의 제1호 표준도)

- 본 건축물과 별도의 관리동에 국선단자함을 설치하는 경우에는 관리동에서 본 건축물까지 구내간선케이블 설치

- 두 개 이상의 건축물로 이루어진 공동주택은 국선단자함(집중구내통신실)이 설치된 건축물로부터 다른 건축물까지 구내간선케이블을 설치하여 동단자함에 배선함([별표 11]의 제2호 표준도)

- 세대단자함에서 세대 내의 각 인출구까지는 1:1로 성형배선

- 꼬임케이블 설치 시 국선단자함에서 세대 내 인출구까지 또는 동단자함이 설치된 경우는 동단자함에서 세대 내 인출구까지 100MHz 이상의 전송특성이 유지되도록 설치하여야 함

- 홈네트워크설비 설치 시 별도로 홈네트워크 주장치와 홈네트워크 기기간에 통신을 위한 회선(꼬임케이블 또는 신호전송용 케이블 등)을 설치하여야 함

- 구내통신설비 기술기준 제28조제5항제4호의 규정에 부적합한 배관 굴곡점이 없거나 선로의 분기 및 접속이 필요하지 않아 국선단자함 또는 동단자함에서 세대단자함 또는 인출구까지 직접 배선하는 경우에는 해당 구간은 수평배선계에 해당함

● (제2항) 업무용 및 기타건축물의 구내배선 기준

- 하나의 건축물로 이루어진 경우에는 국선단자함(집중구내통신실)으로부터 건물간선케이블과 수평배선케이블을 설치함([별표 12]의 제1호 표준도)

 · 본 건축물과 별도의 관리동에 국선단자함을 설치하는 경우에는 관리동에서 본 건축물까지 구내간선케이블 설치

- 두 개 이상의 건축물로 이루어진 경우에는 국선단자함(집중구내통신실)이 설치된 건축물로부터 다른 건축물까지 구내간선케이블을 설치하여 동단자함에 배선함([별표 12]의 제2호 표준도)

- 층단자함에서 각 실의 인출구까지는 1:1로 성형배선

- 꼬임케이블 설치 시 국선단자함에서 인출구까지 또는 동단자함이 설치된 경우는 동단자함에서 인출구까지 100MHz 이상의 전송특성이 유지되도록 설치하여야 함

- 구내통신설비 기술기준 제28조제5항제4호의 규정에 부적합한 배관 굴곡점이 없거나 선로의 분기 및 접속이 필요하지 않아 국선단자함 또는 동단자함에서 세대단자함 또는 인출구까지 직접 배선하는 경우에는 해당 구간은 수평배선계에 해당함

● (제3항) 구내 배선용 꼬임케이블 또는 광섬유케이블은 [별표 6]의 최소 링크 성능 기준을 준수하여 설치해야 함

● (제4항) 통신용, 방송 공동수신설비용 및 홈네트워크설비용 선로를 하나의 배관에 함께 수용할 수 있음

 - 이 경우에는 선로상호간의 누화로 인하여 통신소통에 지장이 없어야 함

● (제5항) 접속단자, 커넥터 등 구내배선에 사용하는 접속자재는 배선 케이블 등급과 동등 이상의 제품을 사용하여, 접속자재로 인한 속도저하 등을 방지하여야 함

### 질의 1  중간단자함에서 데이터회선 구성방식 관련

- 중간단자함에서 데이터 접속을 패치판넬 대신 110블럭으로 구성 가능한지?

**답 변**

- 중간단자함에서의 패치판넬 및 110블럭을 이용한 데이터회선 구성방식에 관한 별도의 규정은 마련하고 있지 않음

  - 다만, 구내배선 시 구내통신설비 기술기준 제33조에서 규정하고 있는 100MHz 이상의 전송특성이 유지되어야 함


### 질의 2  UTP 케이블 배선구간 관련

- UTP 케이블 배선구간의 길이가 96m를 초과하지 말아야 한다는 항목이 법이나 기술기준에 규정되어 있는지?

**답 변**

- 구내통신설비 기술기준 제33조에서는 링크성능 기준에 대하여 규정하고 있을 뿐, 구내배선의 규격 및 길이에 대해서는 규정하고 있지 않음

  - 따라서, 시방서에 따라 배선을 하여야 함

- 다만, 같은 기술기준 [별표 6]의 링크성능 기준에 충족하도록 배선하여야 하며, 96m를 초과하여 배선할 시 반사손실, 감쇠, 근단 누화손실로 인한 성능의 저하로 링크성능 기준에 충족되지 않을 수 있으므로 주의해야 함

## 질의 3 주거용 건축물 및 업무용 건축물에 대한 꼬임케이블 링크성능 기준 여부

- 국선단자함과 동단자함(중간단자함, 층단자함 등)까지의 링크성능기준은?

- 국선단자함과 인출구까지의 거리가 100m 이상 이어서 링크성능이 100MHz의 전송특성이 안 나올 경우는?

- 국선단자함과 인출구까지의 거리가 100m 이상 이어서 링크성능이 100MHz의 전송특성이 안 나올 경우의 처리방법 및 중간단자함을 설치하고 증폭기 등을 설치하는 조건으로 세대단자함에서 중간단자함, 중간단자함에서 인출구까지 나누어 측정가능 여부?

### 답변

- 주거용 건축물에서 국선단자함에서 인출구까지 꼬임케이블을 배선할 경우 100MHz 이상의 전송특성(cat.5e 등급 이상)을 유지하여야 하며, 동단자함이 설치된 경우에는 동단자함에서 세대 내 인출구까지 구간에 대해 링크성능을 만족해야 함

- 업무용 건축물 경우 국선단자함에서 인출구까지 꼬임케이블을 배선할 경우에 100MHz 이상의 전송특성(cat.5e 등급 이상)이 유지되어야 하며, 동 단자함이 설치된 경우에는 동단자함에서 인출구까지 구간에 대해 링크성능을 만족해야 함

- 만일 링크 성능 측정 구간에서 100MHz 전송 특성을 만족할 수 없는 경우 전송장비 활용 등의 적절한 조치를 통하여 성능 기준을 확보해야 함

### 질의 4 | 복수의 건축물이 하나의 구내에 건설되는 경우의 구내간선계 설치 범위

- 같은 구내에 복수의 건축물이 있고 어느 하나의 건축물에 국선단자함과 동단자함이 설치되는 경우 구내간선케이블과 건물간선케이블의 설치방법과 적용기준은 무엇인지?

#### 답 변

- 구내통신설비 기술기준 제3조제1항제11호에 따라 구내간선케이블은 구내에 두 개 이상의 건물이 있는 경우로서 국선단자함으로부터 다른 건물의 동단자함까지 또는 어느 한 건물의 동단자함에서 다른 건물의 동단자함까지 즉, 건물 간 구간을 연결하는 통신케이블을 말함

- 또한 구내통신설비 기술기준 제3조제1항제12호에 따라 건물간선케이블은 동일 건물 내의 국선단자함이나 동단자함에서 해당 건물의 층(중간)단자함까지의 구간을 연결하는 통신케이블을 말함

제2장 착공 전 설계도 확인 및 사용 전 검사 기술기준 해설 및 질의답변
Ⅲ. 접지설비·구내통신설비·선로설비 및 통신공동구등에 대한 기술기준

■ 폐쇄회로텔레비전장치의 설치(제33조의1)

> **제33조의1(폐쇄회로텔레비전장치의 설치)** 공동주택의 구내에 폐쇄회로텔레비전 장치를 설치하는 경우에는 배관은 제28조제5항, 구내선의 배선은 제23조 및 제32조의 규정을 준용하여 설치하여야 한다.

**(의의)**

- 폐쇄회로텔레비전장치(CCTV)를 설치하기 위한 구내배관 및 배선, 통신선과 전선간 이격거리 기준의 준용 규정 제시

**(해설)**

- 공동주택 구내에 폐쇄회로텔레비전장치를 설치하고자 하는 경우에는 다음의 기준을 준수하여 설치함

  - 구내 배관의 요건(제28조제5항)

  - 통신선과 전선간 이격거리 기준(제23조)

  - 구내 통신선의 설치기준(제32조)

## ■ 예비전원 설치(제34조)

> **제34조(예비전원 설치)** 사업용방송통신설비외의 방송통신설비에 대한 예비전원설비의 설치 기준은 다음 각호와 같다.
> 1. 국선 수용 용량이 10회선 이상인 구내교환설비의 경우에는 상용전원이 정지된 경우 최대부하 전류를 공급할 수 있는 축전지 또는 발전기 등의 예비전원설비를 갖추어야 한다. 다만 정전이 되어도 국선으로부터의 호출에 대하여 응답이 가능한 경우에는 예외로 한다.
> 2. 재난 및 안전관리기본법 제3조제5호 및 제7호의 규정에 의한 재난관리책임기관과 긴급구조기관의 장이 설치 또는 운용하는 국선수용용량 10회선 이상인 교환설비 및 광전송설비의 경우에는 상용전원이 정지된 경우 최대부하전류를 3시간이상 공급할 수 있는 축전지 또는 발전기 등의 예비전원설비를 갖추어야 한다.

### (의의)

- 정전 시 통신기능 확보를 위하여 사업용 방송통신설비 외의 방송통신설비의 예비전원설비 설치기준 제시

### (해설)

- 국선 10회선 이상을 수용하는 구내교환설비를 설치하는 경우 사용 전원의 정전을 대비하여 예비전원을 설치하여야 함

  - 별도의 예비전원 운용시간에 대한 규정은 없으며, 설비의 환경 및 여건에 따라 적절한 운용시간 설정 필요

  - 상용전원 정전 시에도 별도의 예비전원 없이 국선을 통한 통신 연결이 가능한 경우에는 예비전원을 설치하지 않아도 됨

- 재난관리책임기관 및 긴급구조기관이 설치하는 국선 10회선 이상의 교환설비 및 광전송설비의 경우에는 상용전원 정지 시 최대 부하전류를 3시간 이상 공급 가능한 예비전원설비를 설치하여야 함

  ※ 재난관리책임기관 : 중앙행정기관, 지방자치단체, 지방행정기관, 공공기관, 공공단체

및 재난관리의 대상이 되는 중요시설의 관리기관 등(「재난 및 안전관리기본법」 제3조 제5호)

※ 긴급구조기관 : 소방청, 소방본부, 소방서 및 해양경찰청, 지방해양경찰청, 해양경찰서 (「재난 및 안전관리기본법」 제3조제7호)

## 4. 구내용 이동통신설비

### ■ 급전선의 인입 배관 등(제35조)

**제35조(급전선의 인입 배관 등)** 규정 제17조의2 및 제17조의3에 따른 대상 시설에 급전선 또는 광케이블을 인입하기 위한 배관 등은 별표 7의 제1호부터 제3호의 표준도에 준하여 다음 각 호와 같이 설치하여야 한다.

1. 옥외 안테나(옥상 또는 지상에 설치하는 안테나를 말하며 이하 같다.)에서 기지국의 송수신장치 또는 중계장치(이하 "중계장치 등"이라 한다)까지 급전선 또는 광케이블을 설치하기 위한 시설은 배관, 덕트 또는 트레이로 설치한다.
2. 옥외 안테나에서 중계장치 등까지 설치하는 배관은 다음 각 목에 적합하여야 하며, 건물 내 통신배관실을 이용하여 설치하는 경우에는 그러하지 아니하다.
    가. 급전선을 수용하는 배관의 내경은 36 ㎜ 이상 또는 급전선 외경(다조인 경우에는 그 전체의 외경)의 2배 이상이 되어야 하며, 3공 이상을 설치하여야 한다.
    나. 광케이블을 수용하는 배관의 내경은 22 ㎜ 이상이어야 하며, 예비공 1공 이상을 포함하여 2공 이상을 설치하여야 한다.
3. 제1호 및 제2호의 규정에도 불구하고 도시철도시설에서 배관의 설치 구간은 관로의 분계점에 가까운 맨홀에서 중계장치 등까지로 한다.
4. 배관 및 덕트는 제28조제4항제1호, 제5항 및 제6항의 규정을 준용하여 설치해야 하며, 중계장치 등에서 옥내 안테나까지 배관 등을 설치하고자 하는 경우에도 이와 같다. 다만, 구내통신선로설비의 배관이 제28조제5항제2호의 요건을 만족하고 상호 소통에 지장이 없는 경우에는 공동으로 사용할 수 있다.
5. 중계장치 등에서 옥내 안테나(또는 종단장치)까지의 급전선은 「화재예방, 소방시설 설치·유지 및 안전관리에 관한 법률」 제2조제1항제1호의 소방시설 중 무선통신보조설비와 상호 기능에 지장이 없는 경우 공용 할 수 있다.

## 제2장 착공 전 설계도 확인 및 사용 전 검사 기술기준 해설 및 질의답변
### III. 접지설비·구내통신설비·선로설비 및 통신공동구등에 대한 기술기준

**[별표 7](제35조 및 제36조, 제37조, 제38조, 제39조 관련)**

### 구내용 이동통신설비 설치 표준도

1. 규정 별표 1의 제1호에 따른 건축물의 경우

 가. 건축물의 경우

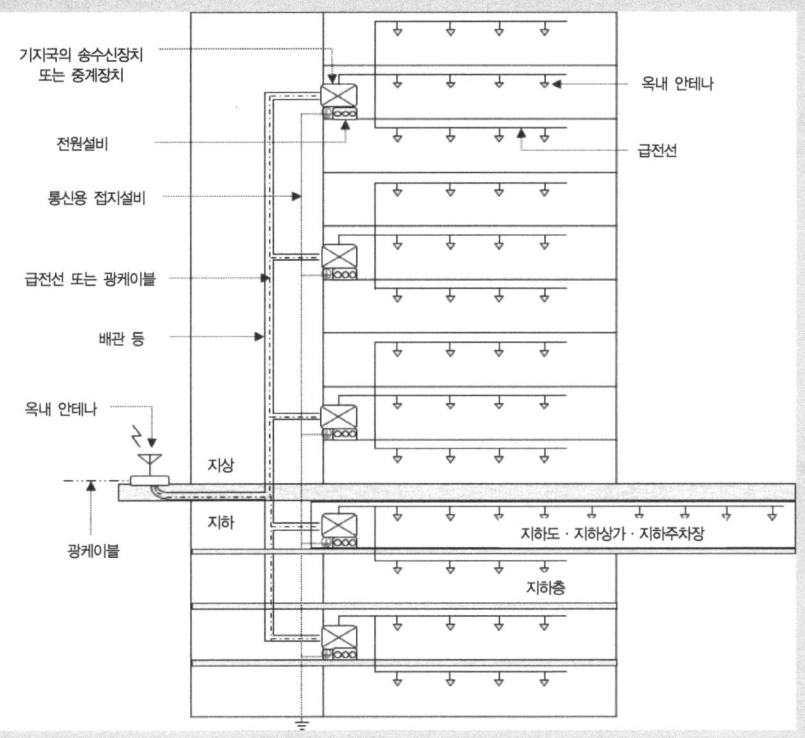

주) 1. 기지국의 송수신장치 또는 중계장치의 설치 장소는 건축물의 바닥면적 합계가 10,000㎡ 당 1개소 이상으로 한다.
 2. 건축물이 공동주택에 해당하는 경우에는 제2호의 표준도를 따른다.

나. 터널의 경우

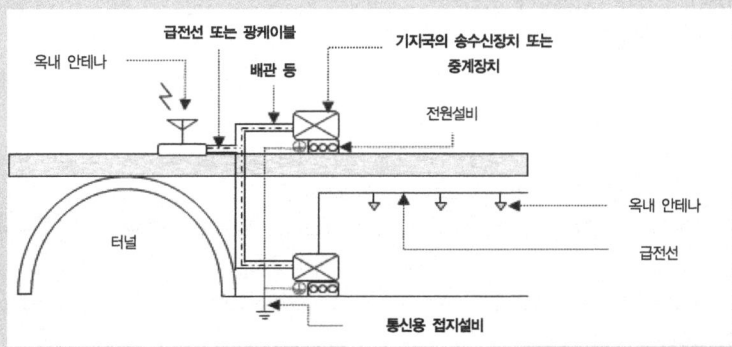

145

주) 1. 터널의 기지국 송수신장치 또는 중계장치는 터널 내부 또는 지상에 설치할 수 있으며, 지상에 설치하는 경우 접지시설 및 전원설비 등을 지상에 확보하여야 한다.
2. 터널의 길이에 따라 신호의 전달이 어려운 경우에는 터널 내부에 2개 이상의 중계장치를 설치해야 한다.
3. 복수 터널인 경우 각 터널 별로 각각의 관로를 설치하여야 하며 지상에서 터널 내부로 관통할 때에는 방수처리를 철저히 해야 한다.

2. 규정 별표 1의 제2호에 따른 공동주택의 경우

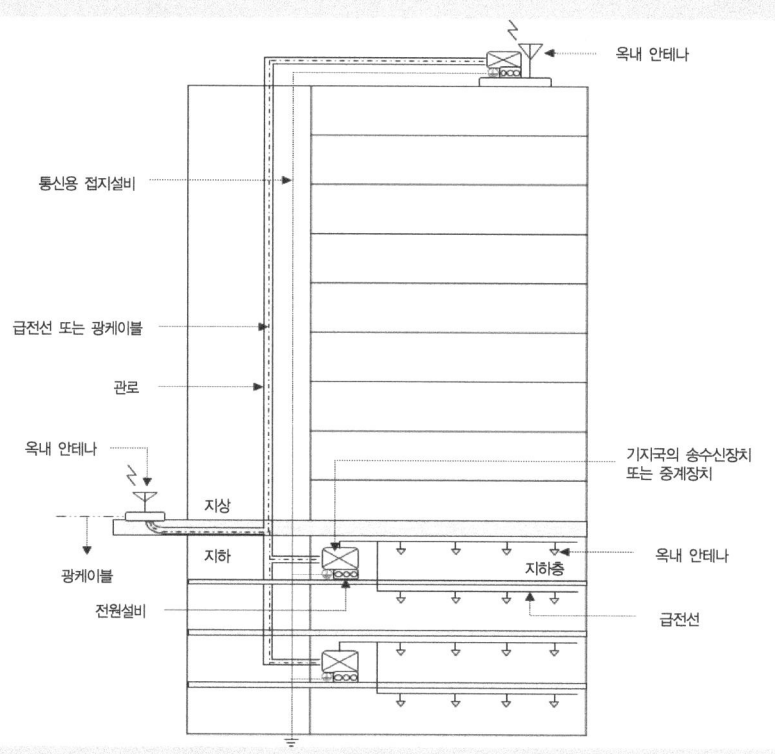

주) 1. 기지국의 송수신장치 또는 중계장치를 옥상에 설치하는 경우에는 단지 내 1개소 이상의 장소를 확보하여야 하며, 지하층에 설치하는 경우에는 지하층 바닥면적의 합계 5,000㎡ 당 1개소 이상의 장소를 확보하여야 한다.
2. 옥상의 기지국 송수신장치 또는 중계장치를 별도의 실 안에 설치하고자 하는 경우에는 실내 적정 온도 유지를 위해 환기구를 갖추어야 한다.
3. 옥상에 옥외안테나 등을 설치하는 경우에는 접지시설 및 전원시설 등이 옥상까지 확보되어야 하며, 옥상을 관통할 때에는 방수 처리를 철저히 해야 한다.
4. 옥외 안테나를 옥상에 설치하는 경우 기간통신사업자는 옥외 안테나에서 기지국의 송수신장치 또는 중계장치까지 배관, 덕트 또는 트레이를 설치해야 한다.
5. 500세대 미만의 공동주택의 경우에는 지상층을 제외한 지하층에만 구내용 이동통신설비를 설치할 수 있다.

## 3. 규정 별표 1의 제3호에 따른 도시철도시설의 경우

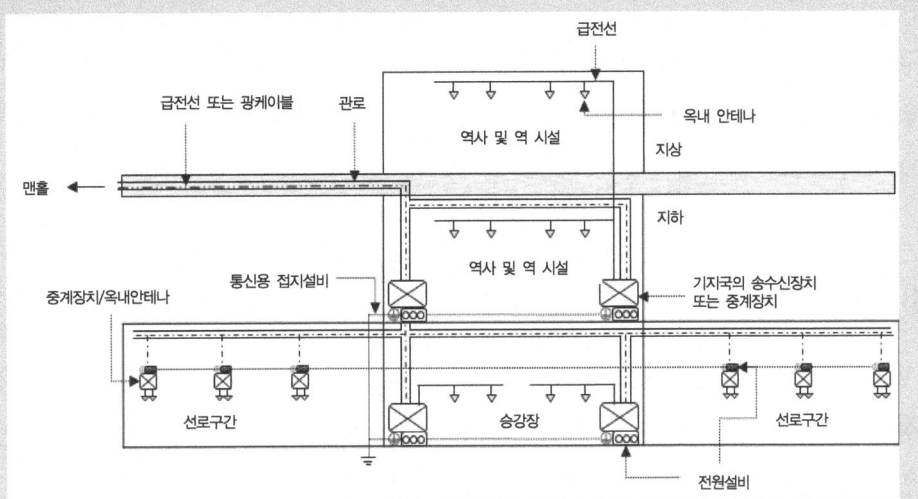

주) 1. 기지국의 송수신장치 또는 중계장치는 역사 및 역 시설에 2개소 이상, 승강장 양끝단에 각각 1개소 그리고 선로구간에서는 승강장 양 끝단으로부터 각 방향으로 250±20m 간격마다 설치 장소를 확보하여야 한다.
2. 통신실에 여유가 있는 경우에는 외부로부터 인입된 광케이블과 최초로 접속되는 기지국 송수신장치 또는 중계장치를 설치할 수 있으며 통신 소통에 지장이 없도록 하여야 한다.
3. 선로 구간이 지상에 위치하는 경우에는 구내용 이동통신설비를 설치하지 않을 수 있다.
4. 선로 구간에 설치하는 기지국 송수신장치 또는 중계기는 도시철도의 운행에 지장을 주지 않아야 한다.

## 4. 접속함의 성능

| 구 분 | 함 체 |
|---|---|
| 절 연 저 항 | 50 MΩ 이상 |
| 개 폐 장 치 | 여닫이식 |
| 재 질 조 건 | 두께 1.5 mm 이상의 연강판 또는 동등 이상 |

**(의의)**

- 구내에서 재난발생 시 이동통신을 이용하여 인명 구조 등 긴급 재난에 대처하기 위해 이동통신 급전선 또는 광케이블을 인입하기 위한 배관 등의 설치 기준 제시함

**(해설)**

- (배관의 종류 및 설치구간) 옥외안테나(옥상 또는 지상)에서 기지국의 송수신 장치 또는 중계장치(이하 '중계장치 등')까지 급전선 또는 광케이블 인입을 위하여 배관, 덕트 또는 트레이(이하 '배관')를 설치하여야 함
    - 옥외안테나를 옥상에 설치하는 경우에는 옥외안테나로부터 옥상의 중계장치 등까지의 배관은 이동통신사업자가 설치해야 함
    - 도시철도시설의 경우 배관의 설치구간은 관로의 분계점에 가까운 맨홀에서 중계장치 등까지로 함
    - 급전선 또는 광케이블은 이동통신사업자가 직접 설치함
- (배관의 규격)
    - 급전선을 수용하는 경우에는 36㎜ 이상 또는 급전선 외경(다조인 경우 그 전체의 외경)의 2배 이상의 내경을 갖는 배관을 3공 이상 설치
    - 광케이블을 수용하는 경우에는 22㎜ 이상의 내경을 갖는 배관을 2공 이상(예비공 1공 이상 포함) 설치
- (배관 설치 요건)
    - 배관 및 덕트의 요건은 구내통신설비 기술기준 제28조제4항제1호, 제5항 및 제6항을 준용해야 하며, 중계장치 등에서 옥내안테나까지 배관을 설치하고자 하는 경우에도 이와 같음

- 다만, 구내통신선로설비의 배관이 제28조제5항제2호의 요건(수용케이블 단면적 총합계가 배관 단면적의 32% 이하)을 만족하고 상호 통신기능에 지장이 없는 경우 공동으로 사용할 수 있음

- 터널이 복수 개인 경우에는 각 터널별로 별도의 관로(배관, 덕트 또는 트레이 등)를 설치해야 하며 지상에서 터널 내부로 관로가 관통하는 경우에는 침수방지를 위한 방수처리를 해야 함

● (무선통신보조설비와의 공용) 지하층에 설치하는 중계장치 등으로부터 지하층의 옥내안테나 또는 종단장치까지의 급전선은 소방시설 중 무선통신 보조설비와 상호 기능에 지장이 없는 경우 공용 할 수 있음

- 「화재예방, 소방시설 설치·유지 및 안전관리에 관한 법률」 제2조제1항제1호의 소방시설 중 무선통신보조설비를 말함

## 질의 1 　이동통신설비의 배관 규격 여부

- 이동통신설비의 관로로 28C 배관 3개를 써도 되나요?

### 답변

- 구내통신설비 기술기준 제35조제1호 및 제2호에서는 급전선 또는 광케이블의 인입을 위한 관로로서 배관, 덕트 또는 트레이를 사용하도록 규정하고 있음

- 급전선 수용을 위해서는 36㎜ 이상 또는 급전선 외경(다조인 경우에는 그 전체의 외경)의 2배 이상의 내경을 갖는 배관을 3공 이상 설치해야 하며,

- 광케이블 수용을 위해서는 22㎜ 이상의 내경을 갖는 배관을 2공 이상(예비공 1공 이상 포함)을 설치해야 함

## 질의 2 　이동통신구내중계설비용 급전선 또는 광케이블의 외부 인입 배관 설계 및 설치

- 이동통신구내중계설비의 운용을 위해 건축물 외부에서 인입되는 급전선 또는 광케이블의 인입배관이 설계도면에 빠져있는데 외부 인입 배관의 설치가 불필요한 경우가 있는지?

### 답변

- 이동통신구내중계설비의 중계장치에 대한 신호입력 방식은 외부 안테나를 통한 RF 방식과 광케이블을 통한 입력방식 등이 있음

- 일반적으로 RF 방식의 경우에는 설계도에 표시된 외부안테나 설치위치로부터 건물 내부로의 인입 배관만 설치할 수 있으나, 인근의 기지국 등으로부터 광케이블을 통해 이동통신신호를 전달받는 경우에는 분계점에 가까운 맨홀에서 중계장치 등까지의 외부 인입배관을 설치해야 함

## 질의 3 | 구내용 이동통신설비의 종류별 설치범위 및 주체, 관리책임의 범위 등

- 건축주는 이동통신구내선로설비를 어디까지 설치해야 하는지?

### 답변

- 구내용 이동통신설비는 건축주 등이 설치·관리하는 이동통신구내선로설비(관로, 배관, 전원단자, 접지설비 및 부대시설 등)와 이동통신사업자가 설치·하는 이동통신구내중계설비(중계장치, 급전선, 광케이블, 안테나 및 부대시설)로 구분함

- 다만, 접지시설과 전원시설의 경우 건축주 등은 중계장치 등이 설치되는 각 층(옥상 포함)에 중계장치 등으로부터 최단거리에 접지단자 및 전원단자를 설치하고 이동통신사업자는 이 접지단자 및 전원단자로부터 중계장치 등까지 접지선과 전원선을 설치함

- 또한 옥외 안테나가 옥상에 설치되는 경우에 이동통신사업자는 옥외안테나에서 중계장치 등까지의 배관, 덕트 또는 트레이를 직접 설치해야 함

- 구내용 이동통신설비 별 건축주 등 및 이동통신사업자의 설치 범위 및 책임 한계는 다음 표 참조

| 구 분 | | 책임 한계 | |
|---|---|---|---|
| | | 건축주/사업주체 | 이동통신사업자 |
| 통신설비 | 배관 | 동통신실(TPS) 최상층 ~ 옥상 중계장치 인근 벽 | 건축주 책임 마감 종단부 ~ 옥상 중계장치 FDF |
| | 급전선 또는 광케이블 | - | 3사 공용 급전선(또는 광케이블) 설치 |
| 접지시설 | 배관 | 동통신실(TPS) 최상층 ~ 옥상 중계장치 인근 벽 | 건축주 책임 마감 종단부 ~ 옥상 중계장치 |
| | 접지선 | - | 건축주 접지단자 ~ 옥상 중계장치 |
| 전원시설 | 배관 | 전원분전반 ~ 옥상 중계장치 인근 벽 | 건축주 책임 마감 종단부 ~ 옥상 중계장치 |
| | 차단기 | 분전반 내 차단기 설치 | 사업자 전원함 내 차단기 설치 (각 사별 필요 용량 설치) |
| | 케이블 (배선) | - | 건축주 전원분전반 내 차단기 2차 측 ~ 이동통신용 전원함 |
| | 전원함 | - | 3사 공용 전원함 설치 (각 사 차단기 및 계량기 수용) |

제2장 착공 전 설계도 확인 및 사용 전 검사 기술기준 해설 및 질의답변
Ⅲ. 접지설비·구내통신설비·선로설비 및 통신공동구등에 대한 기술기준

## ■ 접속함(제36조)

> **제36조(접속함)** 급전선 또는 광케이블의 포설 및 철거가 용이하도록 다음 각 호의 하나에 해당하는 경우에는 별표 7의 제4호에 적합한 접속함을 설치하여야 한다.
> 1. 배관의 길이가 40m를 초과할 경우
> 2. 제28조제5항제4호의 규정에 부적합한 배관의 굴곡점

**(의의)**

- 급전선 또는 광케이블의 설치 및 철거가 용이할 수 있도록 접속함의 설치 요건을 제시

**(해설)**

- 배관의 길이가 40m를 초과하거나 구내통신설비 기술기준 제28조제5항제4호의 규정에 적합하지 않은 배관의 굴곡점이 있는 경우에는 [별표 7] 제4호의 규격에 따른 접속함을 설치해야 함
  - 배관이 트레이인 경우에는 접속함을 설치하지 않을 수 있음

## ■ 접지시설(제37조)

> **제37조(접지시설)** 접지시설은 제5조의 규정 및 별표 7의 제1호부터 제3호의 표준도에 준하여 다음 각 호에 적합하게 하여야 한다.
> 1. 접지단자는 중계장치 등이 설치되는 각 층에 중계장치 등으로부터 최단거리에 설치하여야 한다.
> 2. 전파법 제11조에 따라 대가에 의한 주파수를 할당받는 기간통신사업자(이하 본 절에서 "기간통신사업자"라 한다)는 접지단자로부터 중계장치 등까지 접지선을 설치하여야 한다.

### (의의)

- 벼락이나 강전류전선 등과의 접촉으로 인한 구내용 이동통신설비의 보호와 인체안전을 위한 접지시설의 설치 요건을 제시

### (해설)

- 구내용 이동통신설비의 접지시설은 구내통신설비 기술기준 제5조의 규정을 준수하여 설치해야 함

  - 건축주(이용자)는 중계장치 등이 설치되는 각 층에서 중계장치 등으로부터 최단거리에 접지단자를 설치해야 하며, 이동통신사업자는 이 접지단자로부터 중계장치 등까지 접지선을 직접 설치

  - 터널 시설에서 중계장치 등을 지상에 설치하는 경우에는 접지단자를 지상에 확보해야 함

  - 옥외안테나를 옥상에 설치하는 경우에는 옥상에 접지시설을 설치해야 하며 옥상을 관통할 때는 침수방지를 위한 방수처리를 해야 함

## ■ 상용전원(제38조)

> **제38조(상용전원)** 중계장치 등의 전원은 용량이 4㎾ 이상으로서 교류 220V 전원단자가 3개 이상이어야 하며, 별표 7의 제1호부터 제3호의 표준도에 준하여 다음 각 호에 적합하게 하여야 한다.
> 1. 전원단자는 중계장치 등이 설치되는 각 층에 중계장치 등으로부터 최단거리에 설치하여야 한다.
> 2. 기간통신사업자는 전원단자로부터 중계장치 등까지 전원선을 설치하여야 한다.

### (의의)

- 중계장치 등의 원활한 운용을 위한 상용전원 시설의 설치요건 제시

### (해설)

- 중계장치 등의 운용을 위한 전원은 4kW 이상의 용량으로서 교류 220V 전원단자(분전반)를 3개 이상 설치해야 함
  - 건축주는 중계장치 등이 설치되는 각 층에서 중계장치 등으로부터 최단거리에 전원단자를 설치해야 하며, 이동통신사업자는 이 전원단자로부터 중계장치 등까지 전원선을 직접 설치
  - 터널 시설에서 중계장치 등을 지상에 설치하는 경우에는 전원단자를 지상에 확보해야 함
  - 옥외안테나를 옥상에 설치하는 경우에는 옥상에 전원시설을 설치해야 하며 옥상을 관통할 때는 침수방지를 위한 방수처리를 해야 함

### (적용 시 유의 사항)

- 4kW의 용량은 건축물 수전설비의 공급전력이 아닌 중계장치 등의 최소 소비전력으로서 이동통신사업자 3사의 중계장치 등을 위한 상용전원 용량을 말함
- 3개 이상의 220V 전원단자는 멀티콘센트가 아닌 분전반을 말함

### 질의 1 : 이동통신구내중계설비용 전원용량 및 종단처리 방법

- 이동통신구내중계설비의 운용을 위한 최소 전원용량은 얼마로 해야 하며, 종단처리는 어떻게 해야 하는지?

**답 변**

- 구내통신설비 기술기준 제38조에 따라 중계장치 등의 전원시설은 4kW 이상의 용량으로서 교류 220V 전원단자를 3개 이상 구비해야 함

- 일반적으로 건축물 내 이동통신사업자 3사의 중계설비 등이 설치되므로 전체 용량이 4kW 이상이 되어야 하며 중계장치 등과 최단거리에 전원단자를 설치해야 함

- 종단의 전원단자는 3개의 단자형태로 구성하고 차단기를 설치하는 등 일반적인 콘센트 처리가 아닌 분전함 형태를 갖추어야 함

- 건축주 등이 설치한 전원단자로부터 중계장치 등까지의 전원선은 이동통신사업자가 설치해야 함

## ■ 장소확보 등(제39조)

**제39조(장소확보 등)** ① 규정 제17조의2 및 제17조의3에 따른 대상 시설에는 송수신용 안테나, 중계장치 등의 설치 또는 운영을 위하여 다음 각 호의 기준에 적합한 장소를 확보하여야 한다.
  1. 옥외 안테나의 설치를 위하여 전파의 송수신이 가장 양호한 곳으로서 각각 4㎡ 이상의 면적을 갖는 1개소 이상의 설치장소. 다만, 분계점에 가까운 맨홀에서 중계장치 등까지 광케이블을 통해 신호를 전달하는 경우에는 그러하지 아니하다.
  2. 중계장치 등의 설치를 위하여 분진이나 유해가스로부터 격리된 각각 2㎡ 이상의 면적(높이 2m 이상)을 갖는 1개소 이상의 설치장소
  3. 설치장소는 옥외안테나 또는 중계장치 등의 설치 및 유지·보수를 위한 작업 등에 지장이 없어야 한다.
② 기간통신사업자는 제1항에 따라 확보된 장소에 송수신용 안테나 또는 중계장치 등을 별표 7의 제1호부터 제3호의 표준도에 준하여 설치하여야 한다.
③ 규정 제24조의2제2항에 의한 협의대표는 건축허가 또는 사업계획승인이 지연되지 않도록 건축주 등의 요청 후 10일(공휴일 및 토요일 제외) 이내에 이동통신구내중계설비의 설치장소 및 설치방법, 설치시기 등의 협의를 완료하여야 하며, 이동통신구내중계설비의 설치 및 철거 시에는 건축주 등과 협의하여 원활한 설비 운용이 될 수 있도록 하여야 한다.

### (의의)

● 옥외안테나, 중계장치 등의 설치 또는 운용을 위한 설치장소 및 요건 제시

### (해설)

● 옥외안테나 및 중계장치 등의 설치 장소의 요건은 다음과 같음([별표 7]의 표준도)

  – 옥외안테나는 전파의 송수신이 가장 양호한 곳에 설치해야 하며 각각 4㎡ 이상의 면적을 갖는 1개소 이상의 장소를 확보. 단, 분계점에 가까운 맨홀에서 중계장치 등까지 광케이블을 통해 신호를 직접 전달하는 경우에는 예외로 함

- 중계장치 등은 분진이나 유해가스로부터의 영향을 받지 않는 곳으로서 각각 2㎡ 이상(높이 2m 이상)의 면적을 갖는 1개소 이상의 장소를 확보해야 함
  · 일반건축물에서는 바닥면적 합계 10,000㎡ 당 1개소 이상으로 중계장치 등의 설치장소를 확보해야 하며, 공동주택 지하층의 경우 바닥면적 합계 5,000㎡ 당 1개소 이상을 확보해야 함
  · 도시철도시설에서는 역사 및 역시설에 2개소 이상, 승강장 양 끝단에 각각 1개소, 선로구간에서는 승강장 양 끝단으로부터 각 방향으로 250±20m 간격으로 중계장치 등을 설치해야 함
  · 터널의 길이에 따라 신호의 도달이 어려운 경우에는 터널 내부에 2개 이상의 중계장치 등을 설치해야 함
- 옥외안테나 및 중계장치의 설치를 위한 장소는 설치 및 유지·보수를 위한 충분한 작업공간을 확보해야 함

● 기술기준규정 제24조의2제1항의 협의 시, 협의대표는 건축허가 또는 사업계획승인 절차 등이 지연되지 않도록 건축주 등의 요청 후 10일(공휴일 및 토요일 제외) 이내에 중계장치 등의 설치장소와 설치방법 그리고 설치시기 등을 협의해야 함
- 중계장치 등의 설치와 철거 시 건축주 등과 협의하여 원활한 설비의 운용이 될 수 있도록 함


(적용 시 유의 사항)

● 옥상에 설치된 옥외안테나 및 중계장치 등을 별도의 실 안에 설치하고자 하는 경우에는 실 내부 온도 유지를 위한 환기구 설치

● 도시철도시설에서 선로구간이 지상에 위치하여 전파음영이 발생하지 않는 경우에는 구내용 이동통신설비를 설치하지 않을 수 있으며, 선로구간에 설치된 중계장치 등에 의해 도시철도의 운행이 지장을 받아서는 안됨

## 제2장 착공 전 설계도 확인 및 사용 전 검사 기술기준 해설 및 질의답변
### III. 접지설비·구내통신설비·선로설비 및 통신공동구등에 대한 기술기준

- 구내통신실에 여유가 충분한 경우에는 외부로부터 인입된 광케이블과 최초로 접속되는 중계장치 등을 통신실에 설치할 수 있으며 타 통신서비스에 지장을 주지 않아야 함

- 옥외안테나 및 중계장치 등의 설치위치는 이동통신사업자(협의대표)의 전파 음영 시뮬레이션 결과를 토대로 건축주 등과 협의하여 결정

- 구내용 이동통신설비 설치 의무화의 취지에 따라 이동통신구내선로설비(건축주 등)뿐만 아니라 이동통신구내중계설비(이동통신사업자)가 건축물의 사용승인 이전에 설치되어야 함

- 이동통신사업자는 건축주 등이 확보한 설치장소에 중계장치 등을 설치해야 하며, 이외의 장소를 사용하고자 하는 경우에는 건축주 등과 협의해야 함

# Ⅳ. 방송 공동수신설비의 설치기준에 관한 고시

[과학기술정보통신부고시 제2018-1호, 2018.1.19.]

## 1. 총칙

### ■ 목적(제1조)

> **제1조(목적)** 이 기준은 「건축법 시행령」 제87조와 「주택건설기준 등에 관한 규정」 제42조에 따라 건축물에 설치하는 방송 공동수신설비의 설치기준 등을 규정함을 목적으로 한다.

※ 「건축법 시행령」 제87조제4항

건축물에는 방송수신에 지장이 없도록 공동시청 안테나, 유선방송 수신시설, 위성방송 수신설비, 에프엠(FM)라디오방송 수신설비 또는 방송 공동수신설비를 설치할 수 있다. 다만, 다음 각 호의 건축물에는 방송 공동수신설비를 설치하여야 한다.
  1. 공동주택
  2. 바닥면적의 합계가 5천제곱미터 이상으로서 업무시설이나 숙박시설의 용도로 쓰는 건축물

※ 「주택건설기준 등에 관한 규정」 제42조

공동주택의 각 세대에는 「건축법 시행령」 제87조제4항 단서 및 같은 조 제5항에 따라 설치하는 방송 공동수신설비 중 지상파텔레비전방송, 에프엠(FM)라디오방송 및 위성방송의 수신안테나와 연결된 단자를 2개소 이상 설치하여야 한다. 다만, 세대당 전용면적이 60제곱미터 이하인 주택의 경우에는 1개소로 할 수 있다.

### (의의)

- 「건축법 시행령」 제87조와 「주택건설기준 등에 관한 규정」 제42조에 따라 건축물에 설치하는 방송 공동수신설비의 설치기준을 고시하여 국민들의 원활한 방송 수신 및 재난상황 시 방송수신을 통해 위험상황을 극복할 수 있도록 도모

## (해설)

- 방송 공동수신설비를 의무 설치해야 하는 건축물은 「건축법 시행령」 [별표 1]에서 규정하고 있는 공동주택 및 바닥면적의 합계가 5,000㎡ 이상으로서 업무시설이나 숙박시설 용도로 쓰이는 건축물임

※ 「건축법 시행령」 [별표 1] 용도별 건축물의 종류
  1. 단독주택[단독주택의 형태를 갖춘 가정어린이집 · 공동생활가정 · 지역아동센터 및 노인복지시설(노인복지주택은 제외한다)을 포함한다]
    가. 단독주택
    나. 다중주택 : (생략)
    다. 다가구주택 : (생략)
    라. 공관(公館)
  2. 공동주택 (생략)
    가. 아파트 : (생략)
    나. 연립주택 : (생략)
    다. 다세대주택 : (생략)
    라. 기숙사 : (생략)
  14. 업무시설
    가. 공공업무시설 : 국가 또는 지방자치단체의 청사와 외국공관의 건축물로서 제1종 근린생활시설에 해당하지 아니하는 것
    나. 일반업무시설 : 다음 요건을 갖춘 업무시설을 말한다.
      1) 금융업소, 사무소, 결혼상담소 등 소개업소, 출판사, 신문사, 그 밖에 이와 비슷한 것으로서 제1종 근린생활시설 및 제2종 근린생활시설에 해당하지 않는 것
      2) 오피스텔(업무를 주로 하며, 분양하거나 임대하는 구획 중 일부 구획에서 숙식을 할 수 있도록 한 건축물로서 국토교통부장관이 고시하는 기준에 적합한 것을 말한다)
  15. 숙박시설
    가. 일반숙박시설 및 생활숙박시설
    나. 관광숙박시설(관광호텔, 수상관광호텔, 한국전통호텔, 가족호텔, 호스텔, 소형호텔, 의료관광호텔 및 휴양 콘도미니엄)
    다. 다중생활시설(제2종 근린생활시설에 해당하지 아니하는 것을 말한다)
    라. 그 밖에 가목부터 다목까지의 시설과 비슷한 것

제2장 착공 전 설계도 확인 및 사용 전 검사 기술기준 해설 및 질의답변
Ⅳ. 방송 공동수신설비의 설치기준에 관한 고시

### 질의 1 | 공장, 장례식장, 화장장, 체육관건물 공시청 안테나 설치 관련

- 공장, 장례식장, 화장장, 체육관 건물로 허가가 난 경우, 공시청 안테나를 설치하여야 하는지?

**답변**

- 「건축법 시행령」 제87조제4항에서는 공동주택 및 바닥면적의 합계가 5,000㎡ 이상인 업무시설이나 숙박시설의 용도로 쓰이는 건축물에 대하여 방송 공동수신설비를 설치하도록 규정하고 있음

- 따라서, 위 건축물은 방송 공동수신설비의 설치의무 대상에 해당하지는 않으나, 사람이 상주하거나 기거, 주거하는 곳에는 재난방송 수신으로 고귀한 생명을 구하고 안전을 도모하기 위하여 방송 공동수신설비를 설치하실 것을 권장함

### 질의 2 | 업무용 건축물 방송 공동수신설비 설치 관련

- 업무용 건축물에 TV를 지상파 및 위성 안테나를 통한 시청이 아닌 종합유선방송을 통하여 시청하려 할 경우 사용 전 검사 기준에 명시된 안테나시설을 갖추어야 하는지?

**답변**

- 「건축법 시행령」 제87조4항에서는 바닥면적의 합계가 5,000㎡ 이상의 업무시설의 경우 방송 공동수신설비를 의무적으로 갖추도록 규정하고 있는 바,

- 해당 건축물이 바닥면적의 합계가 5,000㎡ 이상인 업무용 건축물에는 방송 공동수신설비를 갖추어야 함

### 질의 3  위성안테나 설치 기준 관련

● 메디포스트 사옥(업무용 건축물) CATV 설치와 관련하여 위성안테나를 설치해야하는지?

#### 답 변

● 「건축법 시행령」 제87조제4항에서는 방송 공동수신설비의 의무 설치 대상을 공동주택과 바닥면적의 합계가 5,000㎡ 이상의 업무시설이나 숙박시설로 규정하고 있음

● 방송 공동수신설비는 방송공동수신설비 설치기준 제2조에 따라 지상파텔레비전방송, 에프엠(FM)라디오방송, 이동멀티미디어방송, 위성방송을 공동으로 수신하기 위하여 수신안테나를 포함한 방송 공동수신 안테나 시설과 종합유선방송 구내전송선로설비를 말함

● 따라서, 질의하신 업무용 건축물이 바닥면적의 합계가 5,000㎡ 이상이라면 위성방송 수신을 위한 수신안테나를 설치하여야 함

### 질의 4  공동주택 부속설비 방송 공동수신설비 설치 관련

● 공동주택 내 부속시설은 의무 대상인지?

  예) 고시내용 중 방송 공동수신 안테나시설(MATV), 종합 유선방송 구내전송선로설비(CATV)를 별도로 설치하는 사항이 있는데 공동주택은 이 내용을 준했으나 부속시설(근린생활시설, 관리사무소, 경로당, 유치원, 휘트니스센터 등)은 CATV 설비만 구성되어 있음

#### 답 변

● 방송 공동수신설비는 「건축법 시행령」 제87조제4항에 따라 공동주택, 바닥면적의 합계가 5,000㎡ 이상의 업무시설 및 숙박시설의 방송수신에 지장이

- 없도록 방송 공동수신설비를 설치하도록 규정하고 있음
- 따라서, 부속시설이 공동주택 또는 업무용 건축물(바닥면적의 합계가 5,000㎡ 이상인 경우)로 허가받지 않은 경우에는 법령에서 규정하고 있는 대상 건축물에 포함되지 않으므로, 필요 시 건축주 또는 설계자가 선택적으로 설치할 수 있음

## 질의 5 위성방송 공시청 설치 관련

- 지상파 송신소 설치계획이 없는 지역의 공동주택에 무궁화 위성을 통하여 지상파방송을 수신하는 헤드엔드설치를 할 경우 법적인 문제가 있는지?

### 답 변

- 방송공동수신설비 설치기준 제2조에서는 방송공동수신설비를 방송 공동수신안테나 시설(지상파텔레비전방송, 위성방송 및 FM라디오방송, 이동멀티미디어방송)과 종합유선방송 구내전송선로를 말하는 것으로 규정되어 있으며,
- 같은 고시 제13조제1항에 수신안테나는 모든 채널의 지상파텔레비전방송, 위성방송의 신호를 수신할 수 있도록 안테나를 구성하여 설치하도록 규정하고 있고,
- 같은 고시 [별표 2]에서는 사용설비의 성능기준 중에서 위성방송은 「방송법」 제2조에 따른 위성방송에 한다고 규정하고 있기 때문에 이 위성방송은 유료방송인 스카이라이프를 말함
- 따라서, 무궁화 위성을 통한 지상파방송 수신은 「방송법」 제2조에 의한 위성방송에 적용되지 않으며 지역에 한하여 위성을 통해 지상파방송을 수신되도록 하는 것은 세대 내 입주민의 편익을 위해 제공하는 차원에서 설치하는 것으로서 별도의 법적규제가 없음

## ■ 정의(제2조)

**제2조(정의)** ① 이 기준에서 사용하는 용어의 뜻은 다음과 같다.
1. "방송 공동수신설비"란 방송 공동수신 안테나 시설과 종합유선방송 구내전송선로설비를 말한다.
2. "방송 공동수신 안테나 시설"이란 「방송법」에 따라 허가받은 지상파텔레비전방송, 에프엠(FM)라디오방송, 이동멀티미디어방송 및 위성방송(이하 "지상파방송, 위성방송"이라 한다)을 공동으로 수신하기 위하여 설치하는 수신안테나·선로·관로·증폭기 및 분배기 등과 그 부속설비를 말한다.
3. "종합유선방송 구내전송선로설비"란 종합유선방송을 수신하기 위하여 수신자가 구내에 설치하는 선로·관로·증폭기 및 분배기 등과 그 부속설비를 말한다.
4. "수신안테나"란 지상파방송, 위성방송의 신호를 수신하기 위하여 건축물의 옥상 또는 옥외에 설치하는 안테나를 말한다.
5. "보호기"란 벼락이나 강전류 전선과의 접촉 등에 따라 발생하는 이상전류 또는 이상전압이 수신안테나 등으로 흘러들어오는 것을 제한하거나 차단하는 장치를 말한다.
6. "레벨조정기"란 수신안테나로부터 들어오는 각 채널별 텔레비전방송신호의 세기를 고르게 조정하는 장치를 말한다.
7. "증폭기"란 동축케이블·광케이블·분배기 및 분기기 등으로 인하여 발생한 신호의 손실을 회복하기 위하여 사용하는 장치를 말한다.
8. "분배기"란 입력신호에너지를 둘 이상으로 분배하는 장치를 말한다.
9. "분기기"란 입력신호에너지를 간선에서 지선으로 나누는 장치를 말한다.
10. "신호처리기"란 지상파텔레비전방송, 에프엠(FM)라디오방송, 이동멀티미디어방송의 신호를 수신하여 증폭하고, 불필요한 신호의 제거 등을 통하여 일정수준 이상으로 출력하여 주는 장치를 말한다.
11. "장치함"이란 지상파방송, 위성방송 및 종합유선방송의 신호를 각 세대별 또는 층별로 분배하기 위하여 증폭기와 분배기 등을 설치한 분배함을 말한다.
11의2. "층 장치함"이란 방송 공동수신설비의 출력신호의 분배 및 통신 선로 등에 공용하여 각 세대별 또는 지하 주차장 등에 인입하기 위하여 각 층(지하층 포함)에 설치한 분배함을 말한다.
12. "세대단자함"이란 세대 안으로 들어오는 통신선로 또는 방송 공동수신설비 등의 배선을 효율적으로 분배·접속하기 위하여 이용자의 전용공간에 설치하는 분배함을 말한다.
13. "직렬단자"란 선로와 직렬로 접속되어 지상파방송, 위성방송 및 종합유선방송의 신호를 분배하거나 분기할 수 있으며, 그 내부에 텔레비전수상기 및 에프엠라디오수신기에 방송신호를 전달하여 주는 접속단자가 내장되어 있는 것을 말한다.

# 제2장 착공 전 설계도 확인 및 사용 전 검사 기술기준 해설 및 질의답변
## IV. 방송 공동수신설비의 설치기준에 관한 고시

> 14. "성형배선"이란 세대단자함에서 각각의 직렬단자까지 직접 배선되는 방식을 말한다.
> 15. "방송 주파수대역"이란 방송을 수신하기 위하여 방송 공동수신설비에서 사용하는 주파수대역을 말한다.
> 16. 〈삭제〉
> ② 제1항에서 정한 사항 외에 이 기준에서 사용하는 용어의 뜻은 「전파법 시행령」 및 「방송통신설비의 기술기준에 관한 규정」에서 정하는 바에 따른다.

**(의의)**

- 방송 공동수신설비 용어를 정의함으로써 고시의 내용에 따른 용어의 의미나 표현이 달라지지 않도록 규정

**(해설)**

- 방송공동수신설비 설치기준에서 사용하는 용어의 뜻을 규정

## 질의 1   업무용 건축물 공시청장비 성형배선 관련

- 업무용 건축물의 TV 수구 구성도가 첫 번째 수구에서 1:2 분배기를 사용하여 옆에 있는 TV 수구로 연결되고, 다시 1:2 분배기를 사용하여 연결되는 구조가 성형배선 구조인지?

### 답 변

- 방송공동수신설비 설치기준 제2조제1항 제14호에서는 성형배선이란 세대단자함에서 각각의 직렬단자까지 직접 배선되는 방식으로 규정하고 있으므로 성형배선으로 볼 수 없음

## ■ 방송 공동수신설비의 설치 등(제3조의2)

**제3조의2(방송 공동수신설비의 설치 등)** ① 「건축법시행령」 제87조제4항 및 「주택건설기준 등에 관한 규정」 제42조에 따라 설치하는 방송 공동수신 안테나 시설은 건축물의 옥상 또는 옥외에 설치하여야 하며, 필요시 건축주와 설치장소를 협의하여 정할 수 있다.
② 장치함은 제1항의 방송 공동수신 안테나 케이블과 연결하여야 하고, 다음 각 호에 해당하는 곳에 설치하여야 한다.
  1. 종합유선방송의 구내전송선로 설비에 최초로 접속하는 곳
  2. 방송공동수신안테나 케이블의 분배·분기 또는 접속을 위하여 필요한 곳
③ 제2항에 따른 장치함은 다음 각 호의 기준에 맞도록 설치하여야 한다.
  1. 장치함의 내부에는 절연 보조 장치, 잠금장치 및 통풍구 등을 설치할 것
  2. 장치함은 계단이나 복도 등 실내의 공용부분에 설치할 것
  3. 장치함의 크기는 증폭기, 분배기, 분기기, 보호기 및 케이블 등 필요한 설비를 수용할 수 있는 충분한 공간을 확보할 것
  4. 증폭기·분배기 등 서로 간에 신호의 간섭이 없도록 할 것
  5. 장치함은 각 층(지하층 포함)에 설치되는 층 장치함과 접속할 수 있도록 설치할 것
④ 층 장치함은 각 세대별 단자함과 접속할 수 있도록 설치하여야 한다. 다만, 지하층에 설치되는 층 장치함의 선로에는 에프엠(FM)라디오 및 이동멀티미디어방송을 수신할 수 있는 중계기용 무선기기를 설치하되, 옥상 등의 수신안테나와 연결하여야 한다.
⑤ 각 세대별 단자함에는 층 장치함으로부터 인입되는 지상파방송, 위성방송 및 종합유선방송을 각각 수신할 수 있도록 선로를 설치하여야 하며, 그 선로에는 출력단자의 임피던스가 75Ω인 분배기 및 직렬단자를 설치하여야 한다. 다만, 각 세대별 단자함에는 중계기용 무선기기 설치를 제외한다.
⑥ 제1항부터 제5항까지의 설치기준은 「방송통신발전기본법」 제28조, 「전파법」 제45조 및 「전기사업법시행령」 제43조의 기술기준에 적합하여야 한다.

### (의의)

● 세대에 포함되지 않는 공동주택 등의 지하층 등에서 재난 및 긴급방송을 수신을 위한 방송 공동수신설비 설치할 수 있는 방안 마련

**(해설)**

- (제2항) 장치함의 설치위치를 규정
    - 종합유선방송의 구내전송선로 설비에 최초로 접속하는 곳
    - 방송 공동수신안테나 케이블의 분배·분기 또는 접속을 위하여 필요한 곳

- (제3항) 장치함의 설치조건을 규정
    - 장치함의 내부에는 절연 보조 장치, 잠금장치 및 통풍구 등을 설치할 것
    - 장치함은 계단이나 복도 등 실내의 공용부분에 설치할 것
    - 장치함의 크기는 증폭기, 분배기, 분기기, 보호기 및 케이블 등 필요한 설비를 수용할 수 있는 충분한 공간을 확보할 것
    - 증폭기·분배기 등 서로 간에 신호의 간섭이 없도록 할 것
    - 장치함은 각 층(지하층 포함)에 설치되는 층 장치함과 접속할 수 있도록 설치할 것

- (제4항) 장치함의 설치위치 및 에프엠라디오 및 이동멀티미디어방송 설치방법을 규정
    - 층 장치함은 각 세대별 단자함과 접속할 수 있도록 설치
    - 지하층에 설치되는 층장치함의 선로에는 에프엠라디오 및 이동멀티미디어방송을 수신할 수 있는 중계기용 무선기기 설치

## 제2장 착공 전 설계도 확인 및 사용 전 검사 기술기준 해설 및 질의답변
### Ⅳ. 방송 공동수신설비의 설치기준에 관한 고시

**〈중계용 무선기기 설치 예시도〉**

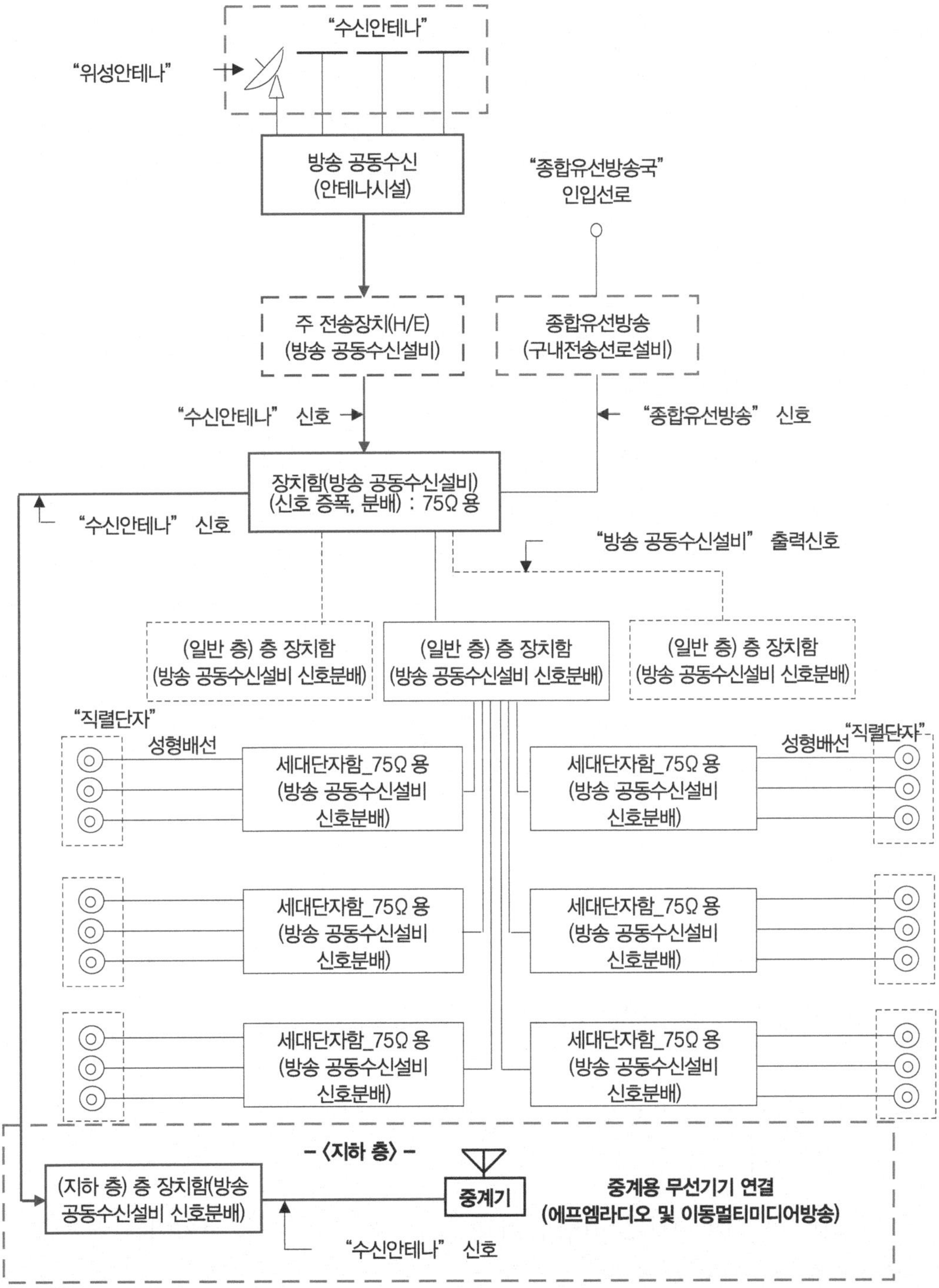

### 질의 1  공동주택 분리배선 적용 관련

● 건축허가가 1996년 4월19일이고 착공일자 1996년 5월 19일, 사용승인일은 2008년 8월29일인 공동주택의 내부선로가 공중파선로와 유선선로가 구분되어 있지 않고 1선로만으로 준공이 되어 이를 분리배선을 새로 설치해야 하는지 아니면 현재 공중파와 유선을 공동 또는 유선으로만 사용해도 되는지?

#### 답 변

● 구내에 설치되는 방송 공동수신설비에 적용되는 기술기준은 건축허가일을 기준으로 동 기간에 시행된 기술기준을 적용함

● 따라서, 질의하신 건축물은 1996년에 시행되었던 방송공동수신설비 설치기준을 적용해야 하며, 적용되는 설치기준은 「구내통신선로설비등의 설치방법」(체신부고시 제1994-18호)으로 동 기술기준 제4장(종합유선방송전송선로설비 및 텔레비전공동시청안테나시설) 중 제19조(동축케이블의 배선등)를 적용받게 됨

● 동 조제1항에 따라 장치함간 또는 장치함 및 직렬단자간은 단독배선하도록 규정되어 있으므로 상기 규정을 만족하면 됨

● 따라서, 현재 설치된 1개 선로를 이용하여 이용자가 원하는 방식으로 이용이 가능함

### 질의 2  무선통신보조설비 겸용사용 관련(1)

● 지하층 장치함에서 지하에 FM라디오방송 및 DMB방송 수신을 위해 안테나 방식 외에 누설동축케이블로도 시공 가능한지?

● 소방청의 「무선통신보조설비의 화재안전기준」에 따라 설치되는 누설동축케이블과 겸용사용 여부?

## 답변

- 방송공동수신설비 설치기준 제3조의2제4항에서는 지하층에 설치되는 층장치함의 선로에는 에프엠(FM)라디오 및 이동멀티미디어방송을 수신할 수 있는 중계기용 무선기기를 설치하되, 옥상 등의 수신안테나와 연결하도록 규정하고 있음

- 국민들이 지하 대피 시 재난방송을 수신할 수 있도록 지하층에 FM라디오 및 DMB중계기용 무선기기의 설치를 규정한 방송공동수신설비 설치기준은 특정 기술방식을 선택하고 있지는 않아 소방용 누설동축케이블과의 겸용 자체를 금지하는 것은 아님

- 소방용 누설동축케이블과 겸용이 허용되는지 여부는 방송 공동수신설비의 목적에 부합되게 재난방송 수신에 지장이 없는지를 기준으로 하여 지방자치단체가 개별 건축사항에 대하여 판단하여야 함

- 또한 겸용사용으로 인해 소방대 상호간의 무선연락에 지장이 없는지 여부는 각 사안에 대해 지역소방본부 또는 소방서에서 판단하여야 함

### 질의 3 | 무선통신보조설비 겸용사용 관련(2)

- FM/DMB와 무통설비 중계기용 무선기기(누설동축케이블 또는 안테나)가 방송공동수신설비 설치기준 [별표 2] 15에 준용할 경우 설치 기준에 만족한다고 볼 수 있는지요?

- 방송 공동수신설비는 유선 수신 장치 및 유선 전송 장치이므로 방송공동수신설비 설치기준 제17조에서 75Ω으로 규정하고 있음. 다만, FM 및 DMB 신호를 지하 음영 지역에 무선 서비스를 하기 위해서 소방 무선통신보조설비 분배기 및 기타 접속 기구를 사용하여 서비스를 해야 하는데, 이러한 기기들은 임피던스가 50Ω이기 때문에 방송공동수신설비와 소방 무선통신

보조설비를 혼합 설치하여도 문제가 없는지요?

## 답 변

- 국민들의 지하 대피 시 재난방송을 수신할 수 있도록 FM라디오 및 DMB 중계기용 무선기기 설치를 규정한 방송공동수신설비 설치기준은 특정 기술방식을 선택하고 있지 않아 소방용 누설동축케이블과 겸용 자체를 금지하는 것을 아님

- 다만, 「무선통신보조설비의 화재안전기준」(NFSC 505) 제5조에 따라 소방대상호간의 무선연락에 지장이 없을 경우 다른 용도와 겸용할 수 있기에 해당 사항은 지역소방본부 또는 소방서에서 판단할 것이며, 방송 공동수신설비의 목적에 부합되게 재난방송 수신에 지장이 없는 지를 기준으로 하여 지방자치단체가 개별 건축사안에 대하여 판단하여야 함

- 임피던스는 두 가지 값 모두를 충족할 수 있는 별도 장비를 사용할 수 있음

### 질의 4  FM라디오 및 이동멀티미디어방송 설치범위

- (질의1) 방송통신발전기본법 및 방송공동수신설비 설치기준에 명시되어 있는 지하공간(지하층)의 의미가 건축법상 지하공간을 의미하는 것인지 아니면 방송수신에 장애가 있는 공간을 의미하는 것인지?

- (질의2) 공동주택(단독형주택)의 건축개요 상, 대지 레벨차에 따른 지하층으로 표현되어 있지만 실제는 지상 주차장으로 계획되었습니다. 이러한 경우 방송통신발전 기본법 및 방송공동수신설비 설치기준에 따라 FM과 이동멀티미디어방송 중계장치를 설치해야 하는지?

- (질의3) 건축물 지하층이 있으나, 물탱크, 기계실 등으로 사람의 통행이 없는 곳에도 설치하여하는지?

## 답변

- (답변1) 「건축법 시행령」 제87조제4항에 따라 공동주택과 바닥면적의 합계가 5,000㎡ 이상으로서 업무시설이거나 숙박시설의 지하층에는 재난방송 수신을 위해 FM라디오 방송과 이동멀티미디어 방송 수신설비 설치를 의무화 하고 있으며, 동 설비는 재난 등을 대비한 설비로서 건축물의 지하층 내에서 수신이 가능하게 설치하여야 함

- (답변2) 설계 명칭상으로 지하층으로 설계되어 있으나, 한 면 이상이 지면과 일치하여 지하층이라 보기 어려우며 DMB 방송 수신에 문제가 없을 경우에는 해당설비를 설치하지 않아도 됨

- (답변3) 현행 고시 상으로는 사람이 없어도 설치하는 것이 맞음. 그러나 해당 사항은 사용 전 검사 주관청인 해당 지자체에 문의하는 것이 바람직함

### 질의 5  이동멀티미디어방송 안테나 설치방법 관련

- 이동멀티미디어방송 안테나는 어떻게 설치하나요?

## 답변

- 방송공동수신설비 설치기준 [별표 1] 제4호에 따라 이동멀티미디어방송의 할당 주파수 대역은 174MHz~216MHz이며, 이동멀티미디어방송은 수직편파로 송출하고 있기 때문에 아래 예시와 같이 안테나를 수직으로 설치해야 수신이 용이함

## 정보통신공사 착공 전 설계도 확인 및 사용 전 검사 기준 해설

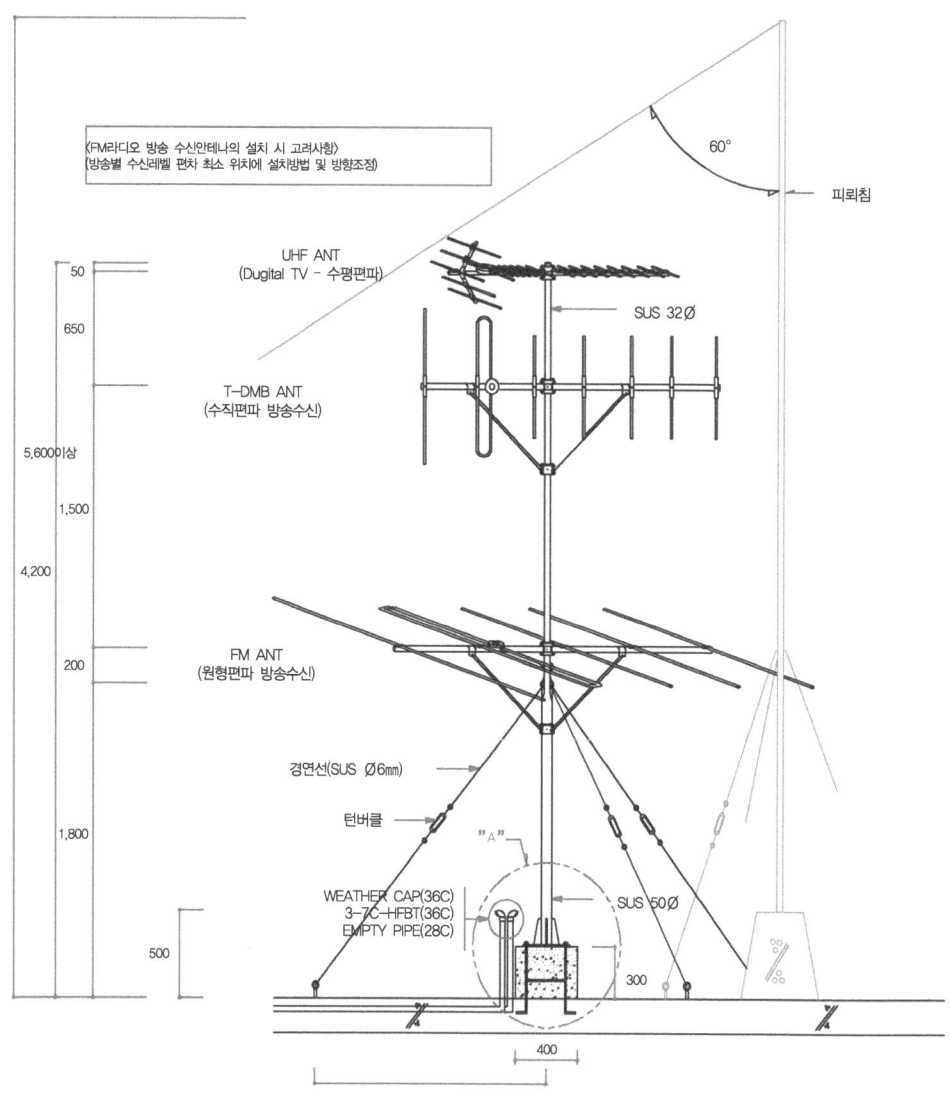

제2장 착공 전 설계도 확인 및 사용 전 검사 기술기준 해설 및 질의답변
Ⅳ. 방송 공동수신설비의 설치기준에 관한 고시

## ■ 안전조건 등(제4조)

> **제4조(안전조건 등)** ① 방송 공동수신설비에는 보호기를 설치하여야 한다.
> ② 제1항에 따른 보호기의 성능 및 접지에 관하여는 「방송통신설비의 기술기준에 관한 규정」 제7조를 준용한다.
> ③ 〈삭제〉
> ④ 제3조의2제4항에 따른 에프엠(FM)라디오 및 이동멀티미디어방송의 지하층 수신에 필요한 방송공동수신설비는 정전 시에도 항상 방송수신을 유지할 수 있도록 비상전원 공급이 가능한 회로를 구성하여야 하며, 이를 지속적으로 유지·관리하여야 한다. 이 경우, 「접지설비·구내통신설비·선로설비 및 통신공동구등에 대한 기술기준」 제34조에 따라 설치된 구내교환설비의 예비전원시설 등을 공동으로 활용할 수 있다.

※ 「방송통신설비의 기술기준에 관한 규정」

　**제7조(보호기 및 접지)** ① 벼락 또는 강전류전선과의 접촉 등으로 이상전류 또는 이상전압이 유입될 우려가 있는 방송통신설비에는 과전류 또는 과전압을 방전시키거나 이를 제한 또는 차단하는 보호기가 설치되어야 한다.

　② 제1항에 따른 보호기와 금속으로 된 주배선반·지지물·단자함 등이 사람 또는 방송통신설비에 피해를 줄 우려가 있을 경우에는 접지되어야 한다.

　③ 제1항 및 제2항에 따른 방송통신설비의 보호기 성능 및 접지에 대한 세부기술기준은 과학기술정보통신부장관이 정하여 고시한다.

(의의)

- 방송 공동수신설비의 안전조건 등을 규정

(해설)

- (제1항, 제2항) 보호기의 설치 및 접지를 규정
  - 방송 공동수신설비에는 이상전류 또는 이상전압으로부터 인명 및 설비를 보호하기 위한 보호기를 설치하여야 함

- 보호기의 성능 및 접지에 관하여는 기술기준규정 제7조를 따르도록 함

- (제4항) 비상전원 공급회로의 구성을 규정

  - 방송 공동수신설비는 정전 시에도 항상 방송수신을 유지할 수 있도록 비상전원 공급이 가능한 회로를 구성하여야 하며, 이를 지속적으로 유지·관리 하도록 규정

  - 구내통신설비 기술기준 제34조에 따라 구내교환설비의 예비전원시설 등을 공동으로 사용할 수 있으나, 예비전원의 가용 용량을 충분히 고려해야 함

제2장 착공 전 설계도 확인 및 사용 전 검사 기술기준 해설 및 질의답변
Ⅳ. 방송 공동수신설비의 설치기준에 관한 고시

## 질의 1 비상전원 공급관련

- 정전 시 항상 방송수신을 유지할 수 있도록 비상전원 공급이 가능한 회로를 구성하도록 규정하고 있는데 이에 대한 설치방법 및 소방 등 다른 비상발전설비와 공용가능 여부는?

### 답 변

- 방송공동수신설비 설치기준 제4조제4항에서는 방송 공동수신설비가 정전 시에도 항상 방송수신을 유지할 수 있도록 비상전원 공급이 가능한 회로를 구성하여야 하고 이를 지속적으로 유지·관리하도록 규정하고 있는 바,

- 정전 시 최대 부하전류를 공급할 수 있는 축전지 또는 발전기 등의 예비전원설비가 설치되어야 하며, 소방 등 비상발전설비 뿐만 아니라 구내통신설비 기술기준 제34조에서 규정하고 있는 국선 10회선 이상인 구내교환설비의 축전지 등의 예비전원시설을 공용으로 구축사용할 수 있을 것으로 판단됨

## 질의 2 방송 공동수신 안테나시설용 보호기 성능기준 관련

- 방송공동수신설비 설치기준의 내용 중 방송 공동수신 안테나시설(디지털 지상파방송, 에프엠라디오방송, 이동멀티미디어 방송 및 위성방송)용 보호기의 경우 설비의 성능기준이 있는지?

### 답 변

- 방송공동수신설비 설치기준 제4조에 따라 방송 공동수신설비에는 보호기를 설치하여야 하며, 보호기의 성능 및 접지 규정에 관하여는 기술기준규정 제7조를 준용해야 함

- 기술기준규정 제7조제3항에서 보호기 성능 및 접지에 대한 세부 기술기준은

과학기술정보통신부장관이 정하여 고시하도록 규정하고 있음

- 이에 구내통신설비 기술기준 제4조에서 방송 공동수신설비의 보호기 성능기준을 규정하고 있음

## ■ 구내배관 등(제7조)

> **제7조(구내배관 등)** ① 방송 공동수신설비에 사용되는 구내 관로의 배관은 다음 각 호의 기준에 맞도록 설치하여야 한다.
> 1. 배관은 외부의 압력 또는 충격 등으로부터 선로를 보호할 수 있고, 부식에 강한 금속관 또는 통신용 합성수지관을 사용하여야 한다.
> 2. 배관의 안지름은 배관에 들어가는 케이블 단면적의 총합계가 배관 단면적의 32퍼센트 이하가 되도록 하여야 한다.
> 3. 배관의 굴곡은 가능하면 완만하게 처리하여야 하고, 곡률반지름은 배관 안지름의 6배 이상으로 한다. 이 경우 굴곡을 유지하기 위한 다른 보조 장치를 사용하여서는 아니 된다.
> 4. 장치함부터 세대단자함까지 또는 장치함에서 다른 장치함까지 등 한 구간의 배관은 굴곡 부분은 3개소 이하로 하고, 1개소의 굴곡 각도는 직선상태의 배관이 꺾이는 각도가 90도 이하로 하며, 그 꺾인 각도의 합계는 180도 이하로 한다.
> ② 세대단자함부터 직렬단자까지의 배관은 성형배선이 가능한 구조로 하여야 한다.
> ③ 세대단자함부터 직렬단자까지는 통신용 배관을 공동으로 사용할 수 있다.
> ④ 방송 공동수신설비에 사용하는 배관 등은 배선의 교체와 증설시공이 쉽도록 설치하여야 한다.
> ⑤ 건축물의 벽이나 바닥 안에 설치하는 증폭기와 분배기 등의 장치는 외부에서 교체하기 쉬운 장치함에 설치하여야 하고, 이들 장치와 접속하는 동축케이블이나 광케이블은 적당한 길이의 여분을 가져야 한다.

### (의의)

- 방송 공동수신설비에 사용되는 구내 배관의 설치기준에 대하여 규정하여 구내 배선의 안정성을 높이고 위험요소를 줄이기 위함

### (해설)

- 구내관로의 배관 규격 및 설치기준을 규정
    - 금속관 또는 통신용 합성수지관
    - 수용되는 케이블 단면적의 총합계가 배관 단면적의 32% 이하가 되도록 함

- 곡률반경은 배관 내경의 6배 이상(엘보우 등 부가장치 사용 금지)
- 1구간 굴곡개소는 3개소 이내, 1개소 굴곡각도는 90° 이내, 1구간 굴곡각도 합계는 180° 이내
- 세대단자함부터 직렬단자까지 배관은 성형배선이 가능한 구조
- 통신용 배관과 공동사용 가능

### 질의 1  공동주택의 구내배선 시 통합배관 관련

- 공동주택 구내통신배관 시 각방수구에서 통합세대단자함으로 배관 시 전화(16㎜-UTP-4p), TV(16㎜-동축케이블5c) 단독배관을 22㎜, 또는 28㎜로 통합배관(수용 케이블단면적 총합계 32% 이하)으로 사용 가능한지?

#### 답변

- 방송공동수신설비 설치기준 제7조의2제4항에서 통신용 배관을 이용하여 배선을 할 경우에는 통신용 케이블의 손상 등으로 인한 통신소통의 지장이 없도록 규정하고 있음

- 따라서, 같은 고시 제7조제1항제2호에 따라 케이블 단면적의 총합계가 배관 단면적의 32% 이하로 배관의 여유가 있고, 통신소통에 지장이 없다면 단독배선이 가능한 구조로 통합배관 설치가 가능함

## ■ 구내배선(제7조의2)

> **제7조의2(구내배선)** ① 방송 공동수신설비의 구내배선(이하 "구내배선"이라 한다)은 동축케이블 또는 광섬유케이블을 사용하여야 하며, 성형배선을 하여야 한다. 다만, 동일 실내에서는 직렬단자를 활용하여 분배 또는 분기할 수 있다.
> ② 구내배선은 다음 각 호와 같이 설치하여야 한다.
>   1. 방송 공동수신 안테나 시설 및 종합유선방송 구내전송선로설비의 배선은 장치함까지 각각 단독으로 설치하여야 한다.
>   2. 공동주택(세대 내에서 분기가 없는 기숙사 및 「주택법 시행령」 제3조제1항 제2호의 규정에 따른 원룸형 주택의 모든 요건을 갖춘 주택은 제외한다)인 경우에는 세대단자함까지 따로 설치하여야 하며, 세대내는 성형배선을 하여야 한다. 다만 이 경우, 동일 실내에서 방송공동수신 안테나 시설과 종합유선방송 구내전송선로설비의 이용이 동시에 가능하도록 세대단자함부터 직렬단자까지 각각 배선을 설치할 수 있다.
> ③ 구내배선 상호간 또는 그 밖의 사용설비와 접속할 때에는 접속기구(커넥터)를 사용하여야 한다.
> ④ 구내배선은 통신용 케이블이 들어오는 세대단자함을 같이 사용할 수 있으며, 통신용 배관을 이용하여 배선을 할 경우에는 통신용 케이블의 손상 등으로 인한 통신소통에 지장이 없도록 하여야 한다.
> ⑤ 「전기사업법 시행령」 제43조의 기술기준에 따라 방송용 선로와 전력선은 상호 영향을 받지 않도록 하여야 한다.

### (의의)

- 방송 공동수신설비에 사용되는 구내배선의 설치방법을 통해 원활한 방송 공동수신 안테나 시설 및 종합유선방송 구내전송선로설비 구축하기 위함

### (해설)

- 구내배선 설치기준 규정
  - 구내배선은 동축케이블 또는 광케이블을 사용
  - 장치함부터 세대단자함까지 또는 최초로 접속되는 직렬단자까지 단독배선
  - 동일 실내의 경우 직렬단자를 활용하여 분배 또는 분기 가능

- 케이블 상호간 및 설비 접속 시 접속기구(커넥터)를 사용
- 통신용 케이블이 들어오는 세대단자함은 공동 이용 가능
- 통신용 배관 이용 시 통신소통에 지장이 없도록 해야 함

### 질의 1  방송수신 설비 개보수 관련

- 1993년 사업승인 방송수신선로가 1개로 구성된 공동주택의 경우 현재 방송 공동수신설비를 교체하면 전과 동일하게 1개의 배선만 설치하는 것이 가능한지?

**답 변**

- 교체가 단순한 일반적인 유지보수로서 신고대상이라면, 현재와 같이 동일한 방법으로 설치가 이루어질 수 있으며,
- 교체가 건축허가를 받을 정도의 공사라면 설치 후 사용 전 검사 대상이므로 방송공동수신설비 설치기준 제7조의2 규정에 따라 분리배선을 해야 함

### 질의 2  단독 배선 관련

- 방송 공동수신 안테나 시설과 종합유선방송 구내전송선로설비는 장치함을 각각 별도로 설비하여야 하는 법적사항이 있는지 궁금합니다.

**답 변**

- 장치함은 방송 공동수신 안테나 시설이나 종합유선방송 구내전송선로설비를 각각 구분하여 설치하도록 규정하고 있지 않음. 다만, 방송공동수신설비 설치기준에 방송 공동수신 안테나 시설 및 종합유선방송 구내전송선로설비의 배선은 각각 단독으로 설치하도록 규정하고 있음

### 질의 3  구내배선 관련

- 장치함부터 첫 번째 TV유닛(직렬단자 중간형)까지 성형배선으로 하고 두 번째 유닛은 직병렬 또는 단말 유닛 사용이 가능한지?

## 답변

- 방송공동수신설비 설치기준 제7조의2제1항에서는 방송 공동수신설비의 구내배선은 동축케이블 또는 광섬유케이블을 사용하여야 하며, 성형배선을 하되 동일 실내에서는 직렬단자를 활용하여 분배 또는 분기할 수 있다고 규정하고 있음

- 따라서, 첫 번째 TV유닛까지 성형배선으로 하고 두 번째 유닛은 직병렬 또는 단말 유닛 사용하는 것이 가능하나 같은 고시 [별표 6]의 종합유선방송 구내 전송 선로설비의 질적 수준을 만족해야 함

## 2. 방송 공동수신 안테나 시설

■ 설계 전 전파조사(제8조)

> **제8조(설계 전 전파조사)** 방송 공동수신 안테나 시설의 설계자는 방송 공동수신 안테나 시설에 대한 설계를 하기 전에 수신 전계강도 등 필요한 전파조사를 하여야 한다. 다만, 전파방송관련 산업기사 이상의 자격자를 보유한 정보통신공사업자가 전파조사를 한 결과가 있으면 전파조사를 하지 아니할 수 있다.

(의의)

- 설계 전 미리 당해 현장의 전파수신 상태를 파악 및 예측한 전파조사결과를 토대로 하여 당해 현장에 알맞는 최적의 방송 공동수신설비 시스템을 설계하도록 규정

(해설)

- 방송 공동수신 안테나 시설을 설계 전 수신 전계강도 등 필요한 전파조사를 하도록 규정

- 전파방송관련 산업기사 이상의 자격자를 보유한 정보통신공사업자가 전파조사를 실시한 결과가 있는 경우 전파조사를 아니할 수 있도록 규정

## 질의 1 · TV 전파조사 근거 법령 관련

- 아파트 신축 시 TV 전파조사를 실시하고 있는 것으로 알고 있는데 해당 법적 근거가 있는지?

### 답변

- 방송공동수신설비 설치기준 제8조에서는 방송 공동수신안테나 시설에 대한 설계를 하기 전에 수신 전계강도 등 필요한 전파조사를 하도록 규정하고 있음

## 제2장 착공 전 설계도 확인 및 사용 전 검사 기술기준 해설 및 질의답변
### Ⅳ. 방송 공동수신설비의 설치기준에 관한 고시

### ■ 사용설비 및 기술기준(제11조)

> **제11조(사용설비 및 기술기준)** ① 방송 공동수신 안테나 시설에 사용하는 설비는 다음 각 호와 같다.
>   1. 수신안테나
>   2. 레벨조정기
>   3. 〈삭제〉
>   4. 보호기
>   5. 신호처리기
>   6. 증폭기
>   7. 분배기 및 분기기
>   8. 동축케이블 또는 광케이블
>   9. 직렬단자
>   10. 중계기용 무선기기
>
> ② 〈삭제〉
>
> ③ 방송 공동수신 안테나 시설의 기술기준에 관하여는 제3조의2부터 제7조의2 및 제12조부터 제18조까지 규정한 사항 외에는 [별표 2]를 적용한다.

**(의의)**

- 방송 공동수신 안테나 시설에 대한 설치기준을 규정함으로써 해당 설비가 안전하고 원활한 방송 시청권을 보장할 수 있도록 하기 위함

**(해설)**

- 방송 공동수신 안테나 시설에 사용하는 설비의 성능기준은 방송공동수신설비 설치기준 제3조의2부터 제7조의2 및 제12조부터 제18조까지 규정한 사항 외에는 [별표 2]를 적용

### 질의 1 　공동주택 헤드엔드설비 관련

- 사업승인 건축물 20세대 이상 공동주택에 헤드엔드(H/E)장비를 의무적으로 설치해야 하는지?

#### 답 변

- 방송공동수신설비 설치기준 제11조제1항의 사용설비중 제9호에 따라 설계한 설비를 설치하여야 함

### 질의 2 　방송 공동수신안테나 시설 관련

- 공동주택의 방송 공동수신안테나 시설 중 위성안테나 시설은 무궁화, NHK등 여러 개의 방송이 있으나 여러 개의 방송을 모두 수신할 수 있는 위성시설을 갖추어야 하는지?

#### 답 변

- 방송공동수신설비 설치기준 [별표 2]의 사용설비의 성능기준 1. 수신안테나 나.위성방송 비고에서는 "방송법 제2조에 따른 위성방송에 한함"으로 규정하고 있으며, 「방송법」 제9조제2항에 따라 과학기술정보통신부장관의 방송국 허가를 받은 위성방송사업자는 ㈜케이티 스카이라이프임

- 따라서 방송공동수신설비 설치기준에 따라 해당 위성방송사업자의 채널을 수신할 수 있도록 설치해야 하며, 해당 위성방송사업자가 사용하는 위성은 무궁화 6호임

## 질의 3  의무설치 위성방송통신 관련

- 방송공동수신설비 설치기준 관련 법령 「건축법 시행령 제87조」에 따른 질의 응답에 의하면 '現 고시의 의무 수신 방송통신위성은 무궁화6호(올레1호)입니다' 라 되어 있는데 근거가 무엇인지?

**답 변**

- 「건축법 시행령」제87조의 규정에 규정된 설비의 설치는 과학기술정보통신부장관이 정하는 방송공동수신설비 설치기준에 따라 설치하도록 규정하고 있음

- 따라서, 질의하신 위성방송과 관련하여서는 방송공동수신설비 설치기준 [별표 2]에 사용설비의 성능기준(제11조제3항 관련)을 정하고 있으며, 그 기준은 「방송법」제2조에 따라 위성방송에 한정함

- 이는 현 우리나라는 방송법에 의해 허가받은 위성방송은 스카이라이프 1개의 위성방송사업자이고, 이 방송사업자가 사용하는 위성이 무궁화 6호이므로, 의무수신 방송통신위성은 무궁화 6호라고 답변한 것으로 판단됨

## 질의 4  위성방송 수신건축물 관련 질의

- 2012년 10월 17일 건축 허가 받은 연면적 5,000㎡ 업무시설의 무궁화위성 6호 수신 설비 대상인지?

**답 변**

- 「건축법 시행령」제87조제4항2호에 규정된 바닥면적의 합계가 5,000㎡ 이상으로서 업무시설이나 숙박시설의 용도 쓰는 건축물은 2009년 7월 16일 「건축법 시행령」개정 시 개정된 조항임

- 또한, 무궁화 6호 수신여부는 현행 과학기술정보통신부 규정에는 위성방송 수신이 "무궁화 6호 수신"이라는 규정은 없으나 방송공동수신설비 설치기준 [별표 2]에 위성방송 수신안테나 기술규격을 규정하고 있으며 이 규정에 따라 「방송법」 제2조에 따른 위성방송에 한정하고 있음

- 따라서, 현재 방송법에 따른 위성방송은 스카이라이프 1개의 방송사업자이고, 그 사업자가 사용하는 방송용 위성은 무궁화 6호이며, 무궁화 6호는 2011년 1월 29일부터 무궁화 3호에서 무궁화 6호로 전환하여 사용하고 있음

제2장 착공 전 설계도 확인 및 사용 전 검사 기술기준 해설 및 질의답변
Ⅳ. 방송 공동수신설비의 설치기준에 관한 고시

■ **수신안테나의 설치방법(제13조)**

> **제13조(수신안테나의 설치방법)** ① 수신안테나는 모든 채널의 지상파방송, 위성방송 신호를 수신할 수 있도록 안테나를 구성하여 설치하여야 한다.
> ② 둘 이상의 건축물이 하나의 단지를 구성하고 있는 경우에는 한조의 수신안테나를 설치하여 이를 공동으로 사용할 수 있다.
> ③ 수신안테나는 벼락으로부터 보호될 수 있도록 설치하되, 피뢰침과 1미터 이상의 거리를 두어야 한다.
> ④ 수신안테나를 지지하는 구조물은 풍하중을 견딜 수 있도록 견고하게 설치하여야 한다. 이 경우 풍하중의 산정에 관하여는 「건축물의 구조기준 등에 관한 규칙」 제9조를 준용한다.

**(의의)**

- 방송을 수신하는데 필수인 안테나의 설치방법에 대해 규정함으로써 수신안테나의 보호 및 설치 이후 파손 등을 예방하기 위함

**(해설)**

- 모든 채널의 지상파텔레비전방송, 에프엠라디오 및 위성방송 신호 수신

- 한 조의 안테나로 둘 이상의 건축물에서 공동이용 가능

- 벼락 보호시설 설치 및 피뢰침과 1m 이상 이격

- 안테나 지지 구조물은 풍하중에 견딜 수 있도록 설치

### 질의 1   방송 공동수신 안테나와 피뢰시설 이격거리 관련

- 오피스빌딩 신축현장에서 TV공청안테나와 피뢰침설치를 어떻게 해야 하는지?

#### 답 변

- 방송공동수신설비 설치기준 제13조에서는 수신안테나는 벼락으로부터 보호될 수 있도록 설치하되 피뢰침과 1미터 이상의 거리를 두도록 규정하고 있는 바, 해당기준에 부합되도록 공시청안테나와 피뢰침을 이격시켜 설치하여야 함

### 질의 2   안테나 보호 피뢰설비 관련

- 수신안테나 지지 POLE에 안테나를 보호하는 피뢰설비를 설치했을 시, 방송공동수신설비 설치기준에 위배 되는지?

#### 답 변

- 방송공동수신설비 설치기준 제13조제3항에서는 수신안테나는 벼락으로부터 보호될 수 있도록 설치하되, 피뢰침과 1m 이상의 거리를 두도록 규정하고 있음

- 이 규정에서 1m 이상의 이격거리를 두도록 한 것은 낙뢰로 인해 강전류 발생 시 안테나 및 방송수신설비를 보호하기 위한 것으로 지지 POLE에 피뢰설비를 설치하라는 의미가 아니며, 지지 POLE에 피뢰시설 설치여부는 정보통신 관련 기술기준에서 별도로 규정하고 있지 않음

### 질의 3 　방송 공동수신 안테나 설치 관련

- 같은 단지 내에 공동주택으로 4개동과 오피스텔 2개동이 있는 현장에 안테나는 1개소로 단지 내 전체 이용이 가능한지?

**답 변**

- 방송공동수신설비 설치기준 제13조(수신안테나의 설치방법) 제2항에서 둘 이상의 건축물이 하나의 단지를 구성하고 있는 경우에는 한 조의 수신안테나를 설치하여 이를 공동으로 사용할 수 있도록 규정하고 있음

## ■ 중계용 무선기기 특성 [별표 2]

> 15. 중계기용 무선기기 특성과 관련한 기술기준은 다음의 기술기준을 각각 준용(주파수 허용편차, 불요발사 허용치, 전계강도)한다
>   가. 「방송표준방식 및 방송업무용 무선설비의 기술기준」 고시 제11조 지상파 디지털멀티미디어방송용 무선설비
>   나. 「신고하지 아니하고 개설할 수 있는 무선국용 무선설비의 기술기준」 고시 제7조 특정소출력무선국용 무선설비

### (의의)

- 중계용 무선기기의 특성을 규정

### (해설)

- 중계용 무선기기 특성은 「방송표준방식 및 방송업무용 무선설비의 기술기준」 제11조 및 「신고하지 아니하고 개설할 수 있는 무선국용 무선설비의 기술기준」 제7조에서 규정하고 있는 주파수 허용편차, 불요발사 허용치, 전계강도를 준용하도록 규정

※ **「방송표준방식 및 방송업무용 무선설비의 기술기준」**

**제11조(지상파 디지털멀티미디어방송용 무선설비)** ① (생략)

② 지상파 디지털멀티미디어방송용 무선설비 중 「신고하지 아니하고 개설할 수 있는 무선국용 무선설비 기술기준」 제7조제6항의 중계용 특정소출력 무선기기의 기술기준은 다음 각 호와 같다.

   1. **주파수 허용편차**는 중심주파수로부터 ±10Hz 이내일 것. 다만, 다중주파수망(MFN)일 경우 ±100Hz 이내
   2. 점유주파수대폭은 1.536MHz 이하일 것
   3. 공중선 전력의 허용편차는 상한 20% 이하일 것
   4. 불요발사의 허용치는 다음 조건에 적합할 것

제2장 착공 전 설계도 확인 및 사용 전 검사 기술기준 해설 및 질의답변
Ⅳ. 방송 공동수신설비의 설치기준에 관한 고시

가. 대역외 발사강도는 별표 17과 같이 4kHz의 분해대역폭(RBW)으로 측정한 경우에 중심주파수로부터 ±0.77MHz에서 −26dB 이하이고, 중심주파수로부터 ±0.97MHz에서 −56dB 이하이며, 중심주파수로부터 ±1.75MHz에서 −73dB 이하일 것. 다만, 별표 18과 같이 연속한 3 개의 채널을 수용한 6MHz 통합 중계용특정소출력무선기기인 경우에는 별표 19와 같다.

나. 스퓨리어스영역 불요발사의 허용치는 56+10log(PY) 또는 40dBc 중 덜 엄격한 값을 적용할 것

③ (생략)

※ 「신고하지 아니하고 개설할 수 있는 무선국용 무선설비의 기술기준」
제7조(특정소출력무선국용 무선설비) ① ~ ⑤ (생략)
⑥ 중계용 특정소출력무선기기의 기술기준은 다음 각 호와 같다.
1. 주파수, 안테나공급전력밀도 및 전계강도

| 용 도 | 주파수 | 안테나공급전력밀도 또는 **전계강도** | 비 고 |
|---|---|---|---|
| **시설자가 무선국의 서비스 지역 내에서 단순 중계 목적으로 지하, 터널, 기내, 선실 또는 건물 내에 설치하는 무선설비** (다만, 지상파방송중계업무에 대해서는 허가된 것과 동일한 주파수를 사용할 것) | | **10 mV/m@10m 이하** | 단향방식 무선기기에 한함 |
| 위성방송국 중계용 무선설비 | | | |

2. ~ 5. (생략)

⑦ ~ ⑩ (생략)

■ 기타 사항

### 질의 1  이동멀티미디어방송 의무설치 고시 개정 관련

- 방송공동수신설비 설치기준에 해당하는 건축물 지하에 FM라디오방송 및 이동 멀티미디어방송 수신이 가능하도록 한 것은 고시 개정일 이후 신축된 건축물에만 적용되는지?

**답 변**

- 방송공동수신설비 설치기준 부칙 제1조에 "이 고시는 2015년 8월 5일부터 시행한다."라고 규정하고 있음

- 따라서, 2015년 8월 5일을 시점으로 건축물 허가 또는 건축신고를 신청하는 경우부터 적용됨을 알려드리오니 참고하시기 바람

### 질의 2  방송 공동수신설비 설치 기준에 관한 고시 불이행 관련

- 방송공동수신설비 설치기준 개정 시 신축건물 및 기축건물 모두 적용 및 고시 불이행 시 벌금 등 제재가 가능한지?

**답 변**

- 「정보통신공사업법」 제36조에서는 정보통신공사를 발주한 자는 해당 공사가 완료된 때에 특별자치시장·특별자치도지사·시장·군수구청장의 사용 전 검사를 받고 정보통신설비를 사용할 수 있도록 규정하고 있음

- 따라서, 방송공동수신설비 설치기준에 부적합한 경우 사용 전 검사필증을 교부받을 수가 없으므로 정보통신설비를 사용할 수 없으며,

- 「정보통신공사업법」 제75조제4호 규정에 따라 사용 전 검사 필증을 교부받지

않고 정보통신설비를 사용한 자는 1년 이하의 징역 또는 1천만 원 이하의 벌금에 처하도록 규정하고 있고,

- 「방송통신발전기본법」 제48조제2항제1호 및 같은 법 시행령 제31조에 따라 기술기준에 적합한지를 시험하지 않거나 그 결과를 기록·관리하지 않은 경우 500만원 이하의 과태료를 부과하도록 규정하고 있음

### 질의 3  위성방송용 수신안테나 의무설치 관련

- 공동주택 방송수신설비 중 위성방송용 수신안테나가 의무적으로 시공되어야 하는 법 개정은 언제인지?

#### 답 변

- 위성방송 의무설치 대상은 2009년 7월16일자로 개정된 「건축법 시행령」 제87조 4항에 따른 「주택법」 제16조에 따른 사업계획승인 대상 공동주택, 바닥면적의 합계가 5,000㎡ 이상으로서 업무시설이나 숙박시설의 용도로 쓰는 건축물로 규정하고 있음. 다만, 2012년 12월12일 개정된 「건축법 시행령」에서 모든 공동주택으로 확대되었음
- 따라서, 위성방송 의무설치 적용은 2009년 7월16일부터임

### 질의 4  난시청지역 방송 공동수신설비 설치 관련

- 지상파 채널의 수신이 어려운 난시청지역 건축물은 방송공동수신설비 설치기준 적용 시 사용 전 검사가 가능한지?

#### 답 변

- "난시청 관련 건축물 사용승인"은 사용승인 소관부서인 지자체가 판단하여야

할 업무로서 관할 지자체와 협의하여야 함

- 지상파 채널의 수신이 어려운 난시청지역으로 확인이 되면 지상파 채널의 수신설비를 설치하여도 수신이 되지 않기 때문에 종합유선방송 수신설비만으로도 사용 전 검사 기관(시, 군, 구청장)과 협의하여야 할 것으로 판단됨

## 질의 5  공동주택 공시청설비 구축 관련

- 공동주택에 유선방송사와 단체계약으로 인하여 지상파가 송출이 되는데 유선방송에서 지상파를 송출을 하면 아파트에서 공시청구축을 꼭 하지 않아도 되는지?

### 답 변

- 공동시청안테나 설치는 「건축법 시행령」 제87조의 규정에 따라 건축주가 건축물을 구축할 경우 즉, 설계 당시부터 의무적으로 설치하도록 규정하고 있으므로 유선방송사와의 단체계약을 통해 아파트 입주자에게 지상파 송출을 하는 경우더라도 설치를 해야 함

## 질의 6  EBS2 송출설비 관련

- 공동주택에 방송 공동수신설비 설치할 경우 EBS2 수신설비를 설치해야 하는지?

### 답 변

- 「건축법 시행령」 제87조제4항에서는 공동주택에는 방송수신에 지장이 없도록 공동시청 안테나, 유선방송 수신시설, 에프엠라디오방송 수신설비 또는 방송 공동수신설비를 설치하도록 규정되어 있어 별도의 설비 없이 EBS2 시청이 가능함

## 질의 7  공동주택의 방송송출 관련

- 공동주택의 방송 공동수신설비를 설치하고, 송출여부를 선택으로 해도 되는지?

**답변**

- 입주자의 방송시청매체 선택권 보장을 위해 방송 공동수신 안테나 시설과 종합유선방송 구내전송선로설비를 모두 설치하여야 함


## 질의 8  기숙사건물 공시청 설치 관련

- 기숙사 건물로 층별 분배기에서 오는 선로 1회선으로 방(TV UNIT 1개만 설치됨/ 세대 단자함 없음) 2개에 공시청(MA/CATV) 설치가 가능한지?

**답변**

- 방송공동수신설비 설치기준 제7조의2제2항제1호에서는 방송 공동수신 안테나 시설 및 종합유선방송 구내전송선로설비의 배선은 장치함까지 각각 단독으로 설치하도록 규정하고 있고,

- 같은 고시 제7조의2제2항제2호에서 공동주택(세대 내에서 분기가 없는 기숙사 및 「주택법 시행령」 제10조제1항제1호의 규정에 따른 원룸형 주택의 모든 요건을 갖춘 주택은 제외한다)인 경우에는 세대단자함까지 따로 설치하고 세대 내는 성형배선 하도록 규정하고 있음

- 따라서, 장치함부터 세대단자함까지 또는 최초로 접속되는 직렬단자까지의 구간은 단독으로 배선하도록 규정하고 있어 기숙사는 층 장치함에서 직렬단자까지 단독으로 배선하여야 함

### 질의 9 | 방송 공동수신설비 적합성평가 제품 사용여부

- 적합성평가 인증을 받지 않은 제품을 생산 또는 설치했을 경우 법적 처분은 어떻게 되는지?

#### 답변

- 적합성평가를 받지 않은 기기를 생산 및 설치할 시에는 「전파법」 제84조제5항에 따라 제58조의2(방송통신기자재등의 적합성평가)에 따른 적합성평가를 받아야하며 적합성평가를 받지 아니한 기자재를 판매하거나 판매할 목적으로 제조·수입한 자는 3년 이하의 징역 또는 3천만 원 이하의 벌금에 해당됨

### 질의 10 | 공동주택 방송수신선로 사용 관련

- 건축법상 설치된 CA선로를 사용하고자 아파트 측에 종합유선방송사업자가 요청하는 경우 아파트 측에서 거부한다면 법적책임이 아파트 측(관리주체나 입주자대표회의)에 발생하는지?

#### 답변

- CA 선로는 사용을 희망하는 종합유선방송사업자와 입주자대표인 아파트측간 협약(또는 계약)에 의하여 사용여부를 결정하는 것으로, 상호 협약사항에 대한 이해관계에 따라 거부 또는 승인 등이 판단됨

### 질의 11 | 광증폭기 출력값 기준점 관련

- 방송공동수신설비 설치기준에서 규정하고 있는 광증폭기의 출력값의 기준은 어떻게 되는지?

## 답변

- 본 고시에서 규정하고 있는 광증폭기의 출력값 기준점은 말단에 측정한 측정값임

### 질의 12 고시 개정에 따른 적용 시점 관련

- 2017년 1월 2일에 개정된 방송 공동수신설비의 설치기준에 관한 고시의 적용 시점에 대해 질문

## 답변

- 고시적용 시점은 부칙에 따라 고시 후 30일이 경과한 날부터 시행하고, 「건축법」 및 관련 규정에 따라 건축허가 또는 건축신고를 신청하는 경우부터 적용함

### 질의 13 FM라디오 직렬단자 설치 여부

- 아파트인 경우 2018년 3월 1일 이후로 FM에 관련한 내용들이 초고속정보통신인증기준에서 빠져있습니다. 댁내 거실에 FM직렬단자는 이제 반영하지 않아도 되는 건가요?

## 답변

- 방송공동수신설비 설치기준 제2조제13호에서는 직렬단자를 선로와 직렬로 접속되어 지상파방송, 위성방송 및 종합유선방송의 신호를 분배하거나 분기할 수 있으며, 그 내부에 텔레비전수상기 및 에프엠라디오수신기에 방송신호를 전달하여 주는 접속단자가 내장되어 있는 것으로 정의하고 있음. 즉, 직렬단자 내부에는 방송 및 FM라디오 신호를 전달하여 주는 접속단자를 내장하도록 정의하고 있기에 규정에 맞도록 설치하여야 함

- 또한, 「주택건설기준 등에 관한 규정」 제42조제2항에서는 공동주택의 각 세대에는 「건축법 시행령」 제87조제4항 단서 및 같은 조 제5항에 따라 설치하는 방송공동수신설비 중 지상파텔레비전방송, 에프엠(FM)라디오방송 및 위성방송의 수신안테나와 연결된 단자를 2개소 이상 설치하여야 하고 다만, 세대당 전용면적이 60㎡ 이하인 주택의 경우에는 1개소로 할 수 있도록 규정하고 있으므로 해당 규정에 맞게 설치하여야 함

### 질의 14  고시 개정에 따른 적용 시점 관련

- 방송공동수신설비 설치기준(제2015-55호) 부칙에 따르면 "이 고시는 2015년 8월 5일부터 시행한다"라고 되어 있는데 시행일 이전 사업승인을 득한 공동주택의 경우 시행일 이후 변경 승인 신청 시 상기 규정을 적용해야 하는지?

#### 답 변

- 방송공동수신설비 설치기준(제2015-55호)의 주요 개정 내용은 공동주택 등의 지하층에 재난상황을 대비한 FM라디오 및 이동멀티미디어 방송설비 구축을 의무화 한 것으로 해당 고시 적용시점인 2015년 8월 5일 기준으로 「건축법」 및 관련 규정에 따라 건축허가 또는 건축신고를 신청하는 경우부터 적용함

- 2015년 8월 5일 이후 용도 변경 등이 이루어진 경우에 대해서는 별도 규정이 존재하지 않음. 다만, 용도가 현재 고시에 따라 지하층의 수신 설비가 의무화되는 건축물에 해당 된다면 재난상황을 대비하여 설치하실 것을 권고함

### 질의 15  지상파 TV 범위

- 지상파 TV는 디지털 TV와 UHD TV를 포함 인가요?

## 답변

- 지상파 TV는 디지털 TV와 UHD TV를 포괄하고 있음

- 지상파 방송은 2012년 말 아날로그 방송을 종료하고 2013년부터는 디지털 방송만을 송출하고 있음. 이후 2017년 5월 수도권에 지상파 UHD 방송을 개시하였으며, 2017년 12월 5대 광역시로 UHD 방송을 확대 실시하고 있어 현재 지상파 방송은 디지털 방송과 UHD 방송 두 가지 형태로 동시 송출하고 있음

### 질의 16  공시청 안테나 설치 기준

- 공동시청 안테나를 UHD 수신안테나로 설치해야 하나요?

## 답변

- 방송공동수신설비 설치기준 제13조에 따라 수신안테나는 모든 채널의 지상파방송, FM 라디오방송, DMB 방송 및 위성방송 신호를 수신할 수 있어야 하며,

- 같은 기술기준 [별표 1] 제1호에서 규정하고 있는 방송 주파수대역 중 지상파 텔레비전방송 채널에는 UHD 채널(52~56)이 포함되어 있으므로,

- UHD 채널을 포함한 모든 채널의 지상파방송 신호를 수신할 수 있는 수신안테나를 설치하여야 할 것으로 사료됨

### 질의 17  지상파 초고화질 텔레비전 방송 신호처리기 설치시점

- UHD 신호처리기 고시개정 이전에 건축허가를 받았는데 UHD 신호처리기를 설치하여야 하나?

## 답 변

- 적용은 해당 고시일(2017.1.2.) 이후 30일이 경과한 2017년 2월 1일 이후의 건축허가 또는 건축신고를 신청한 경우부터임

- 고시개정일 이전 건축허가 또는 신고를 한 경우 UHD 신호처리기를 설치하실 필요는 없으나, 공동주택은 다수 거주자의 원활한 방송수신 차원에서 설치를 권고함

### 질의 18  지상파 초고화질 텔레비전 방송 신호처리기 설치의무

- UHD 신호처리기는 의무사항인가?

## 답 변

- 신호처리기(UHD 신호처리기 포함)는 방송공동수신설비 설치기준 제10조 제2항에 따라 선로에서 방송신호가 손실되는 등의 이유로 수신이 양호하지 아니한 경우 설치하는 설비로 같은 고시 제18조(신호처리기)에서는 "설치할 경우"라 명기 하고 있기에 의무사항은 아님

- 하지만 대규모 단지로 구성된 공동주택에서는 지상파 UHD 방송의 안정적 수신을 위해 설치를 권고함

# 붙임

정보통신공사 착공 전 설계도 확인 및 사용 전 검사 기준 해설

1. 표준 상호협의결과서 양식

2. 사용 전 검사 기준 및 검사 방법

3. 정보통신공사 착공 전 설계도 확인 점검 항목 (예시)

4. 정보통신공사 사용 전 검사 점검 항목 (예시)

붙임1. 표준 상호협의결과서 양식

## [붙임 1] 표준 상호협의결과서 양식

(제1쪽)

신청접수번호 : m-RAPA-yymm-0000 호

# 구내용 이동통신설비의 설치에 관한 상호 협의결과서

아래 공사 시행에 있어 「전기통신사업법」 제69조의2, 「방송통신설비의 기술기준에 관한 규정」 제24조의2에 의거 구내용 이동통신설비의 설치에 관하여 다음과 같이 협의하였습니다.

| 1. 공사내용 | | |
|---|---|---|
| | 공사명 | |
| | 공사 장소(주소) | |
| | 공사의 종류 | 공동주택( ), 건축물( ), 도시철도( ) |
| 2. 구내용 이동통신설비의 설치장소 | | |
| | 옥외안테나 설치 위치 | |
| | 중계장치 설치 위치 | |
| | 접지단자 위치 | |
| | 전원단자 위치와 용량 | |
| 3. 공동주택에 대한 사업주체의 협의결과 게시 방법 | | |
| | 중계장치의 설치 위치 공개방법 | |
| | 청약신청 접수 예정일 | |
| | ※ 「방송통신설비의 기술기준에 관한 규정」 제24조의2제4항에 의거 공동주택의 경우 사업주체는 청약 신청 접수일 5일 이전에 협의 결과에 따른 중계장치의 설치 위치를 공개해야 함. | |
| | 4. 공사와 관련한 정보의 제공 | ① 인허가서 및 사업계획(변경)승인서 사본 1부 제공<br>② 착공설계 신청 전 설계도면 확인에 관한 사항 (이동통신구내선로설비 및 중계설비)<br>③ 건축물의 착공/준공일정 및 구내용 이동통신 중계설비의 설치 등 공사 시행에 관한 사항 |
| | 5. 기타 협의사항 | ● 중계설비 설치시기 : 건축주 공사요청일 ~ 건축물 준공검사 이전<br>※ 공사요청일을 입력하지 않을 경우, 공사가 지연 될 수 있습니다. |

※ 건축물 준공 이전에 이동통신 안테나, 중계장치 등 중계설비를 설치하여야 합니다.
[첨부] 구내용 이동통신 중계장치 및 옥외안테나 설계도면 1부.
상기 협의내용 이외의 것은 전기통신사업법, 방송통신설비의 기술기준에 관한 규정을 준수하여 설치 할 것을 상호 협의하였음.

년 월 일

회사명

대 표                    (동의함)                기간통신사업자 협의대표           직인

(제2쪽)

# 상세 협의 결과

### 1. 옥외안테나 설치 위치

### 2. 중계장치 설치 위치

### 3. 기타 협의사항

# [붙임 2] 사용 전 검사 기준 및 검사 방법

## 1. 구내통신선로 설비공사

### ■ 방송통신기자재의 검사 · 승인용품 사용

| 항 목 | 검사 기준 | 검사 방법 | 근 거 |
|---|---|---|---|
| 방송통신<br>기자재 사용 | o 적합성평가기준에 적합한 제품 | o 제품의 육안검사<br>(필요 시 인증서 요구) | o 전파법제58조의2제1항 |

### ■ 접지 및 보호기

| 항 목 | | 검사 기준 | 검사 방법 | 근 거 |
|---|---|---|---|---|
| 접지 및 보호기 | 접지대상 | o 금속으로 된 단자함, 장치함, 지지물, 보호기 등 접지 설치<br>o 접지 예외<br>- 전도성이 없는 인장선을 사용하는 광섬유케이블<br>- 금속성 함체이나 광섬유 접속 등 내부에 전기적 접속이 없는 경우 | o 대상설비 접지 설치 여부 확인 | o 접지설비 · 구내통신설비 · 선로설비 및 통신공동구등에 대한 기술기준 제5조 제1항 및 제7항 |
| | 접지저항 | o 국선 수용 회선이 100회선을 초과하는 주 배선반 : 10Ω 이하<br>o 보호기 접지 : 10Ω 이하<br>o 국선 수용 회선이 100회선 이하인 주 배선반 : 100Ω 이하<br>o 보호기를 설치하지 않은 구내통신 단자함 : 100Ω 이하 | o 측정기를 이용한 접지 저항 측정 | o 접지설비 · 구내통신설비 · 선로설비 및 통신공동구등에 대한 기술기준 제5조 제2항 |
| | 접지선의 굵기 | o 10Ω 이하 : 2.6mm 이상<br>o 100Ω 이하 : 1.6mm 이상<br>o 피복 : PVC 피복동선 또는 그 이상의 절연효과를 갖는 전선<br>- 외부 노출되지 않는 접지선은 피복하지 않을 수 있음 | o 접지선 육안 확인<br>o 측정 공구(버니어캘리퍼스 등)로 측정 | o 접지설비 · 구내통신설비 · 선로설비 및 통신공동구등에 대한 기술기준 제5조 제4항 |

### ■ 소요회선

| 항 목 | 검사 기준 | | | 검사 방법 | 근 거 |
|---|---|---|---|---|---|
| 주거용 건축물 | o 다음 기준 중 어느 하나 이상 충족 | | | o 인출구 오픈에 의한 육안 검사 | o 방송통신설비의 기술기준에 관한 규정 제20조 제2항, [별표 4] |
| | | 구간 | 회선수 | | |
| | | 국선단자함에서 세대단자함 또는 인출구 까지 | 단위세대당 1회선(4쌍 꼬임케이블 기준) 이상 또는 광섬유케이블 2코아 이상 | | |
| | 광 다 중 화 기 능 을 갖 는 국 선 단 자 함 과 | 국선단자함에서 동단자함까지 | 광섬유케이블 8코아 이상 | | |
| | | 동단자함에서 세 대 단 자 함 | 단위세대당 1회선(4쌍 꼬임케이블 | | |

| | | 동단자함이 있는 경우 | 또는 인출구 까지 | 기준) 이상 또는 광섬유케이블 2코아 이상 | | |
|---|---|---|---|---|---|---|
| 업무용 건축물 | o 다음 기준 중 어느 하나 이상 충족 | | | | o 인출구 오픈에 의한 육안 검사 | o 방송통신설비의 기술기준에 관한 규정 제20조 제2항, [별표 4] |
| | 구간 | | | 회선수 | | |
| | 국선단자함에서 세대단자함 또는 인출구 까지 | | | 업무구역(10㎡) 당 1회선(4쌍 꼬임케이블 기준) 이상 또는 광섬유케이블 2코아 이상 | | |
| | 광 다중화 기능을 갖는 국선단자함과 동단자함이 있는 경우 | 국선단자함에서 동단자함까지 | | 광섬유케이블 8 코아 이상 | | |
| | | 동단자함에서 세대단자함 또는 인출구까지 | | 업무구역(10㎡) 당 1회선(4쌍 꼬임케이블 기준) 이상 또는 광섬유케이블 2코아 이상 | | |
| 기타건축물 | o 건축물의 용도를 고려하여 주거용건축물 기준과 업무용건축물 기준을 신축적으로 적용 | | | | o 인출구 오픈에 의한 육안 검사 | o 방송통신설비의 기술기준에 관한 규정 제20조 제2항, [별표 4] |

■ 집중구내통신실 및 층구내통신실

| 항 목 | 검사 기준 | 검사 방법 | 근 거 |
|---|---|---|---|
| 통신실 설치조건 공통사항 | o 지상 원칙<br>o 지하일 경우 침수 및 습기 방지<br>o 조명시설 및 통신장비용 전원설비 구비 | o 육안 검사 | o 방송통신설비의 기술기준에 관한 규정 제19조 [별표 2], [별표 3] |
| 주거용 건축물 (공동주택) | o 집중구내통신실<br>- 50 ~ 500세대 : 10㎡ 이상<br>- 500 ~ 1,000세대 : 15㎡ 이상<br>- 1,000 ~ 1,500세대 : 20㎡ 이상<br>- 1,500세대 ~ : 25㎡ 이상 | o 설계도면 및 줄자를 이용한 실측 확인 | o 방송통신설비의 기술기준에 관한 규정 제19조 제2호, [별표 3] |
| 업무용 건축물 (6층 이상이고 연면적 5,000㎡ 이상) | o 집중구내통신실 : 10.2㎡ 이상<br>o 층구내통신실<br>- 층별전용면적 1,000㎡ 이상 : 10.2㎡ 이상<br>- 층별 전용면적 800㎡ 이상 : 8.4㎡ 이상<br>- 층별전용면적 500㎡ 이상 : 6.6㎡ 이상<br>- 층별전용면적 500㎡ 미만 : 5.4㎡ 이상 | o 설계도면 및 줄자를 이용한 실측 확인 | o 방송통신설비의 기술기준에 관한 규정 제19조 제1호, [별표 2] |
| 업무용 건축물 (6층 미만 또는 연면적 5,000㎡ 미만) | o 집중구내통신실<br>- 500㎡ 이상 : 10.2㎡ 이상<br>- 500㎡ 미만 : 5.4㎡ 이상 | o 설계도면 및 줄자를 이용한 실측 확인 | o 방송통신설비의 기술기준에 관한 규정 제19조 제1호, [별표 2] |
| 복합건축물 (공동주택 또는 업무용 건축물이 복합된 건축물) | o 집중구내통신실 : 용도별 면적확보기준에 따라 각각 분리된 공간에 확보<br>o 층구내통신실 : 업무용 건축물 면적 확보기준에 따라 확보<br>o 집중구내통신실 통합조건<br>  : 연면적 500㎡ 미만의 업무용 건축물이 | o 설계도면 및 줄자를 이용한 실측 확인 | o 방송통신설비의 기술기준에 관한 규정 제19조 제3호, [별표 2] 및 [별표 3] |

| | | 복합된 경우로써<br>- 각 용도별 면적확보 기준을 합산한 면적 이상이고<br>- 전기통신회선설비와의 접속기능을 원활히 수행 | | |

■ **국선인입시설 및 옥내시설**

| 항 목 | | 검사 기준 | 검사 방법 | 근 거 |
|---|---|---|---|---|
| 국선인입 | 지하인입 | o 분계점까지 지하배관 설치<br>o 제26조제2항 관련 [별표 2]의 지하인입관로의 표준도에 의한 설치여부<br>- 단, 5회선 미만 국선인입 시 제26조제3항에 따라 건축주가 분계점과 사업자 인입맨홀·핸드홀 또는 인입주까지 지하인입배관을 설치한 경우에 사업자는 [별표 2의1]에 따라 지하 인입<br>o 내부식성 금속관 또는 KS C 8455 동등규격 이상의 합성수지제 전선관<br>o 사업자 전주에 설치하는 인입배관의 높이는 지상 20cm 이상 50cm 이하 | o 지하인입 여부<br>o 표준도 부합시공 여부 | o 방송통신설비의 기술기준에 관한 규정 제4조제2항<br>o 방송통신설비의 기술기준에 관한 규정 제18조제2항<br>o 접지설비·구내통신설비·선로설비 및 통신공동구등에 대한 기술기준 제26조제3항 관련 [별표2의1]<br>o 접지설비·구내통신설비·선로설비 및 통신공동구등에 대한 기술기준 제27조 |
| | 가공인입 | o 5회선 미만의 국선을 인입하는 경우에 한함<br>- 단, 5회선 미만 국선인입 시 제26조제3항에 따라 건축주가 분계점과 사업자 인입맨홀·핸드홀 또는 인입주까지 지하인입배관을 설치한 경우에 사업자는 [별표 2의1]에 따라 지하 인입<br>o 제26조제4항 관련 [별표 3]의 가공인입의 표준도에 의한 설치여부 | o 표준도 부합시공 여부 | o 방송통신설비의 기술기준에 관한 규정 제24조제3항 및 제4항<br>o 접지설비·구내통신설비·선로설비 및 통신공동구등에 대한 기술기준 제26조제4항, [별표 3] |
| | 맨홀 | o 기술기준 제26조제2항 관련 [별표 2]의 지하인입관로의 표준도에 의한 설치 여부<br>o 맨홀설치 예외 조건<br>- 인입선로 길이가 246m 미만이고 인입선로상 분기가 없는 경우<br>- 5회선 미만의 국선을 인입하는 경우 | o 맨홀설치 여부(예외 조건인 경우 제외)<br>o 표준도 부합시공 여부 | o 접지설비·구내통신설비·선로설비 및 통신공동구등에 대한 기술기준 제26조제2항, [별표 2] |
| | 맨홀·핸드홀 설치 간격 | o 246m 이내 | o 줄자 등으로 맨홀 간격 확인 | o 접지설비·구내통신설비·선로설비 및 통신공동구등에 대한 기술기준 제48조제4항 |
| | 배관 내경 | o 선로외경(다조인 경우에는 그 전체의 외경)의 2배 이상<br>o 주거용 건축물 중 공동주택<br>- 20세대 이상 : 54mm 이상<br>- 20세대 미만 : 36mm 이상<br>※ 공동주택은 2가지 조건을 모두 만족해야 함<br>※ 가공인입의 경우 건물 인입부터 국선단자함까지 구간 적용 | o 버니어캘리퍼스 등 측정 공구로 내경 측정 | o 접지설비·구내통신설비·선로설비 및 통신공동구등에 대한 기술기준 제27조제1호 |
| | 배관의 공수 | o 주거용 및 기타건축물 : 2공 이상(1공 이상 예비공 포함)<br>o 업무용 건축물 : 3공 이상(2공 이상 예비공 포함)<br>o 통신구 또는 트레이 : 향후 증설을 고려한 예비공간 확보<br>※ 가공인입의 경우 건물 인입부터 국선단자함까지 구간 적용 | o 육안 검사 | o 접지설비·구내통신설비·선로설비 및 통신공동구등에 대한 기술기준 제27조제2호 |

| 항목 | 검사 기준 | 검사 방법 | 근 거 |
|---|---|---|---|
| 배관설치 구간 | o 대지경계지점에서 국선단자함까지 | o 설계도 확인 및 육안 검사 | o 접지설비·구내통신설비·선로설비 및 통신공동구등에 대한 기술기준 제27조 제2호 |

■ **구내배관 등**

| | 항목 | 검사 기준 | 검사 방법 | 근 거 |
|---|---|---|---|---|
| 구 내 배 관 등 | 배관 공수 | o 구내간선계 및 건물간선계 : 2공 이상 설치 (동등 이상의 내경을 가진 예비공 1공 포함)<br>o 홈네트워크설비를 설치 시, 세대단자함과 홈네트워크 주장치간 홈네트워크용 배관 1공 이상 설치(제5항제2호 규정(32% 이하)보다 여유가 있을 경우 공용 가능)<br>o 수평배선계는 성형구조 또는 성형배선이 가능한 구조로 설치 | o 구간별 배관공수 육안 확인 | o 접지설비·구내통신설비·선로설비 및 통신공동구등에 대한 기술기준 제28조 제1항<br>o 접지설비·구내통신설비·선로설비 및 통신공동구등에 대한 기술기준 제28조 제2항<br>o 접지설비·구내통신설비·선로설비 및 통신공동구등에 대한 기술기준 제28조 제3항 |
| | 바닥덕트 또는 배관 | o 업무용건축물로 구내선이 7.5m를 넘는 실내에 바닥덕트 또는 배관 설치<br>- 성형 또는 망형으로 설치<br>- 매 구간 교차점 또는 완곡부에 실내접속함 설치<br>- 실내접속함 간격 7.5m 이내 단, 직선관로로서 선로작업에 지장이 없는 경우는 12.5m 이내<br>- 접속함 및 인출구는 상면에 돌출 및 침수되지 않도록 설치 | o 배관 및 덕트, 접속함 등 육안 확인 | o 접지설비·구내통신설비·선로설비 및 통신공동구등에 대한 기술기준 제28조 제4항 |
| | 옥내 배관의 요건 | o 내부식성 금속관 또는 KS C 8454 동등규격 이상의 합성수지제 전선관<br>o 지하 매설관의 경우 내부식성 금속관 또는 KS C 8455 동등규격 이상의 합성수지제 전선관<br>o 국선단자함과 장치함 별도설치 시 국선단자함과 장치함 구간에 28㎜ 이상 배관 1개 이상 설치 가능 | o 시공사진, 자재납품확인서 확인 또는 육안확인 등 | o 접지설비·구내통신설비·선로설비 및 통신공동구등에 대한 기술기준 제28조 제5항, [별표 4] 주)7 |
| | 배관의 내경 | o 수용되는 케이블단면적의 총합계가 배관 단면적의 32% 이하 | o 육안확인 및 계측기를 이용한 측정 | o 접지설비·구내통신설비·선로설비 및 통신공동구등에 대한 기술기준 제28조 제5항제2호 |
| | 배관의 굴곡 | o 곡률반경은 배관 내경의 6배 이상(엘보우 등 부가장치 사용 금지)<br>o 1구간 굴곡개소는 3개소 이내, 1개소 굴곡각도는 90° 이내, 1구간 굴곡각도 합계는 180° 이내 | o 육안확인 및 계측기를 이용한 측정 또는 설계도서 확인 등 | o 접지설비·구내통신설비·선로설비 및 통신공동구등에 대한 기술기준 제28조 제5항제3호, 제4호 |
| | 옥내에 설치하는 덕트 요건 | o 선로를 용이하게 수용할 수 있는 구조와 충분한 유지보수 공간<br>o 수직 덕트는 디딤대 설치<br>o 60㎝~150㎝ 간격의 선로 받침대 설치(배관 설치 시 예외)<br>o 덕트 내부에 작업용 조명 또는 콘센트 설치 (바닥덕트 제외) | o 육안확인 | o 접지설비·구내통신설비·선로설비 및 통신공동구등에 대한 기술기준 제28조 제6항 |

## ■ 구내선의 배선

| 항목 | | 검사 기준 | 검사 방법 | 근거 |
|---|---|---|---|---|
| 구내선의 배선 | 통신선의 종류 | o 건물간선케이블 및 수평배선케이블은 100MHz 이상의 전송 대역을 갖는 꼬임케이블 또는 광섬유케이블, 동축케이블을 사용<br>o 구내간선케이블은 옥외용 꼬임케이블, 옥외용 광섬유케이블 또는 동축케이블을 사용. 단, 공동구, 지하주차장 등 외부 환경에 영향이 적은 지하에 설치되는 경우에는 옥내용 케이블을 사용 가능 | o 설치된 케이블의 종류 육안 확인<br>- 필요시 제조업체에서 제공하는 케이블 성능 관련 자료 확인 | o 접지설비 · 구내통신설비 · 선로설비 및 통신공동구등에 대한 기술기준 제32조 |
| | 주거용 건축물 구내배선 기준 | o 두 개 이상의 공동주택이 하나의 단지 형성 시, 동단자함 설치<br>o 세대단자함에서 각 인출구 구간은 성형배선으로 구성<br>o 국선단자함에서 세대 내 인출구까지 링크성능은 100MHz 이상의 전송특성 유지<br>- 동단자함 설치 시, 동단자함에서 세대 인출구 구간 적용<br>※ 링크성능 기준은 [별표 6] 참조<br>o 홈네트워크설비 설치 시, 홈네트워크 주장치와 홈네트워크 기기간 꼬임케이블, 신호전송용케이블 등 설치 | o 동단자함 설치 육안 확인<br>o 세대 내 성형배선여부 육안 확인<br>o 계측기를 이용한 [별표 6]의 링크성능 확인<br>o 홈네트워크용 통신선 설치 확인 | o 접지설비 · 구내통신설비 · 선로설비 및 통신공동구등에 대한 기술기준 제33조 제1항 및 제3항, [별표 6], [별표 11] |
| | 업무용 및 기타 건축물 구내배선 기준 | o 하나의 부지에 두 개 이상의 건축물이 있는 경우 동단자함 설치<br>o 층단자함에서 각 인출구까지 성형배선으로 구성<br>o 국선단자함에서 인출구까지 링크성능은 100 MHz 이상의 전송특성 유지<br>- 동단자함 설치 시, 동단자함에서 세대 인출구 구간 적용<br>※ 링크성능 기준은 [별표 6] 참조 | o 성형배선여부 육안 확인<br>o 계측기를 이용한 [별표 6]의 링크성능 확인 | o 접지설비 · 구내통신설비 · 선로설비 및 통신공동구등에 대한 기술기준 제33조 제2항 및 제3항, [별표 6], [별표 12] |
| | 옥내통신선 이격거리 | o 300V 초과 전선과 : 15cm 이상<br>o 300V 이하 전선과 : 6cm 이상<br>o 도시가스관 접촉금지<br>o 이격거리 예외조건<br>- 통신선이 케이블이나 광섬유케이블 또는 전선이 케이블인 경우<br>- 전선이 57V(30W)이하 직류전원 전송시<br>- 전선과 통신선간 절연성 격벽설치 또는 별도 배관 수용 시 | o 줄자를 이용하여 이격거리 확인<br>o 도시가스관 접촉여부 확인 | o 접지설비 · 구내통신설비 · 선로설비 및 통신공동구등에 대한 기술기준 제23조 |
| | 기타 | o 통신용 배관에 방송공동수신설비, 홈네트워크설비 등을 함께 수용 시, 누화로 인한 소통에 지장이 없어야 함<br>o 구내배선에 사용하는 접속자재는 배선케이블 등급과 동등 이상 제품 사용 | o 통신 및 방송 이용시 잡음발생 여부 확인<br>o 각 접속자재의 사양 확인 또는 링크성능 측정 결과 기준 만족시 적합 | o 접지설비 · 구내통신설비 · 선로설비 및 통신공동구등에 대한 기술기준 제33조 제4항, 제5항 |
| | 회선종단장치 | o 주거용 건축물의 통신용 인출구 : 모듈러잭이나 동축커넥터 또는 광인출구<br>o 업무용 및 기타건축물 : 각 실별 통신용 인출구 또는 단자함으로 종단<br>o 통신선로, 방송공동수신설비, 홈네트워크설비 등을 하나의 인출구로 종단시 선로 상호간 누화로 인한 지장이 없도록 함 | o 인출구 설치여부 확인<br>o 통신, 방송 노이즈 발생 여부 확인 | o 접지설비 · 구내통신설비 · 선로설비 및 통신공동구등에 대한 기술기준 제31조 |

■ 국선수용 및 구내통신 단자함

| 항목 | | 검사 기준 | 검사 방법 | 근 거 |
|---|---|---|---|---|
| 국선수용 및 국선단자함 | 국선수용 | o 국선과 구내선의 분계점에 주단자함 또는 주배선반을 설치하여 국선 수용 | o 주단자함 또는 주배선반 설치 여부 육안검사 | o 접지설비·구내통신설비·선로설비 및 통신공동구등에 대한 기술기준 제29조 제1항 |
| | 국선단자함의 구분 | o 광섬유케이블 수용 시 : 주단자함 또는 주배선반<br>o 300회선 미만 동케이블 수용 시 : 주단자함 또는 주배선반<br>o 300회선 이상 동케이블 수용 시 : 주배선반 | o 육안으로 설치 확인 | o 접지설비·구내통신설비·선로설비 및 통신공동구등에 대한 기술기준 제29조 제2항 |
| | 국선단자함 요건 | o 국선 수용 단자, 단자반 및 보호기를 설치할 수 있는 충분한 공간<br>o 관로의 분계점과 가장 가까운 곳에 설치<br>o 단자함의 하부는 바닥으로부터 30cm 이상 높이에 설치<br>o 실내 설치, 다음 장소 설치 금지<br>  - 세면실, 화장실, 보일러실, 발전 기계실<br>  - 분진·유해가스 및 부식증기를 접하는 장소<br>  - 소화 호수시설을 갖춘 벽장 내<br>o [별표 4]의 국선단자함 등의 요건 만족<br>o 제29조제6항, 제7항에 따라 국선단자함 내 종합유선방송 수신설비(증폭기 등) 설치 시,<br>  - 절연보조장치, 통풍구 설치<br>  - 용도별 설치공간 격벽 분리 및 구분 표시<br>  - 크기 0.56㎡ 이상, 깊이 130mm 이상, 한 변 길이 700mm 이상(「건축법 시행령」[별표 1] 제1호가목의 단독주택 예외)<br>o 동케이블인 경우 절연저항 50MΩ 이상<br>o 접지단자 설치 여부 | o 국선단자함 여유공간 육안 확인<br>o 국선단자함 설치위치 육안 확인<br>o 단자함 설치높이 측정<br>o 설치 금지장소 여부 육안 확인<br>o [별표 4] 요건 만족여부 확인 | o 접지설비·구내통신설비·선로설비 및 통신공동구등에 대한 기술기준 제29조 제4항, 제6항, 제7항, [별표 4]<br>o 접지설비·구내통신설비·선로설비 및 통신공동구등에 대한 기술기준 제5조 제1항 |
| 중간단자함 및 세대단자함 | 중간단자함 설치위치 | o 배관 굴곡기준(제28조제5항제4호)에 부적합한 배관의 굴곡점<br>o 선로의 분기 및 접속을 위해 필요한 곳 | o 설계도서 및 현장 등 필수 설치위치 육안검사 | o 접지설비·구내통신설비·선로설비 및 통신공동구등에 대한 기술기준 제30조 제1항 |
| | 세대단자함 | o 주거용 건축물 중 공동주택에는 세대단자함 설치<br>o 세대단자함 설치 예외조건<br>  - 세대 내 분기가 없는 기숙사<br>  - 세대 내 분기가 없는 원룸형 주택(주택법 시행령 제10조제1항제1호)<br>o 세대단자함의 보호장치 및 전원시설은 홈네트워크설비를 설치하는 경우에 한함(단, 세대단자함이 금속재질인 경우 접지 설치)<br>o [별표 5]의 요건 만족 | o 육안으로 세대단자함 설치 확인(예외조건인 경우 제외) | o 접지설비·구내통신설비·선로설비 및 통신공동구등에 대한 기술기준 제30조 제2항, [별표 5] |
| | 중간단자함 요건 | o 용량을 수용할 수 있는 충분한 공간<br>o 중간단자함 설치 위치<br>  - 제28조제5항제4호의 규정에 부적합한 배관의 굴곡점<br>  - 선로의 분기 및 접속을 위하여 필요한 곳<br>o 동케이블인 경우 절연저항 50MΩ 이상<br>o 함체가 금속일 경우 접지단자 설치 여부<br>o [별표 5]의 요건 만족 | o [별표 5] 요건 만족여부 확인 | o 접지설비·구내통신설비·선로설비 및 통신공동구등에 대한 기술기준 제30조 제3항 [별표 5] |

## 2. 이동통신구내선로 설비공사

| 항 목 | | 검사 기준 | 검사 방법 | 근 거 |
|---|---|---|---|---|
| 급전선 또는 광케이블 인입 | | o [별표 7]의 표준도에 의한 옥외안테나로부터의 급전선 인입 배관 설치 | o 표준도 부합시공 여부 | o 접지설비·구내통신설비·선로설비 및 통신공동구등에 대한 기술기준 제35조, [별표 7] |
| 배관/덕트 | 설치 구간 | o 옥외안테나에서 기지국의 송수신장치 또는 중계장치 까지 | o 설계도 확인 및 육안 검사 | o 접지설비·구내통신설비·선로설비 및 통신공동구등에 대한 기술기준 제28조, 제35조, [별표 7] |
| | 배관의 종류 | o 내부식성 금속관 또는 KS C 8454 동등규격 이상의 합성수지제 전선관 | o 배관의 종류 확인 | |
| | 배관의 수 | o 급전선을 수용하는 배관<br>- 3공 이상 설치<br>o 광케이블을 수용하는 배관<br>- 예비공 1공 이상 포함 2공 이상 설치 | o 설치된 배관의 수 확인 | |
| | 배관의 내경 | o 급전선을 수용하는 배관<br>- 배관의 내경 : 36mm 이상 또는 급전선 외경 (다조인 경우는 전체의 외경)의 2배 이상<br>o 광케이블을 수용하는 배관<br>- 배관의 내경 : 22mm 이상 | o 측정공구(버니어캘리퍼스 등)로 측정 | |
| 접속함 | | o 배관의 길이가 40m 초과 시 및 배관의 굴곡점에 설치 | o 준공도면 또는 육안검사를 통해 접속함 설치 여부 확인 | o 접지설비·구내통신설비·선로설비 및 통신공동구등에 대한 기술기준 제36조 |
| 접지시설 | | o 접지저항 10Ω 이하<br>o 접지단자 설치 위치<br>- 각 층의 중계장치 등으로부터 최단거리 | o 접지저항 측정<br>o 준공도면 또는 육안검사를 통한 접지단자 설치 여부 확인 | o 접지설비·구내통신설비·선로설비 및 통신공동구등에 대한 기술기준 제37조 |
| 상용전원 | 용량 | o 4kW 이상 | o 공급용량 확인 | o 접지설비·구내통신설비·선로설비 및 통신공동구등에 대한 기술기준 제38조 |
| | 전압 | o 220V | o 멀티테스터기로 측정 | |
| | 전원단자 | o 3개 이상<br>o 전원단자 설치 위치<br>- 각 층의 중계장치 등으로부터 최단거리 | o 육안검사 | |
| 장소확보 | | o 옥외안테나<br>- 4㎡ 이상의 면적을 갖는 1개소 이상<br>- 분계점에 가까운 맨홀에서 중계장치 등까지 광케이블을 통해 신호 전달하는 경우는 예외<br>o 중계장치 등<br>- 규정 [별표 1]의 제1호에 따른 건축물<br>· 건축물의 바닥면적 합계가 10,000㎡당 1개소 이상<br>- 규정 [별표 1]의 제2호에 따른 건축물<br>· 옥상 : 단지 내 1개소 이상<br>· 지하층 : 지하층 바닥면적 합계 5,000㎡당 1개소 이상<br>- 각 개소는 분진이나 유해가스로부터 격리된 2㎡ 이상의 면적(높이 2m 이상) | o 표준도, 준공도면, 공간확보의 부합여부<br>o 사업자 중계장치 등이 설치된 경우에는 적정 수용 여부 확인 | o 접지설비·구내통신설비·선로설비 및 통신공동구등에 대한 기술기준 제39조 제1항, [별표 7] |

## 3. 방송공동수신 설비공사

### ■ 방송통신기자재의 검사승인용품 사용

| 항목 | 검사 기준 | 검사 방법 | 근 거 |
|---|---|---|---|
| 방송통신 기자재 사용 | o 적합성평가기준에 적합한 제품 | o 제품의 육안검사 (필요 시 인증서 요구) | o 전파법제58조의2제1항 |

### ■ 안전조건

| | 항목 | 검사 기준 | 검사 방법 | 근 거 |
|---|---|---|---|---|
| 접지 및 보호기 | 접지대상 | o 금속으로 된 단자함, 장치함, 지지물, 보호기 등 접지 설치<br>o 접지 예외<br>- 전도성이 없는 인장선을 사용하는 광섬유 케이블<br>- 금속성 함체나 광섬유 접속 등 내부에 전기적 접속이 없는 경우 | o 대상설비 접지설치 여부 확인 | o 접지설비·구내통신설비·선로설비 및 통신공동구등에 대한 기술기준 제5조 제1항 및 제7항 |
| | 접지저항 | o 접지저항 적정여부 : 통신관련 시설 접지저항 10Ω 이하<br>o 다음의 경우는 100Ω 이하 가능<br>- 선로설비 중 선조·케이블에 대하여 일정 간격으로 시설하는 접지(단, 차폐케이블은 제외)<br>- 국선 수용 회선이 100회선 이하인 주배선반<br>- 보호기를 설치하지 않는 구내통신단자함<br>- 구내통신선로설비에 있어서 전송 또는 제어신호용 케이블의 실드 접지<br>- 철탑이외 전주 등에 시설하는 이동통신용 중계기<br>- 암반 지역 또는 산악지역에서의 암반 지층을 포함하는 경우 등 특수 지형에의 시설이 불가피한 경우로서 기준 저항값 10Ω 을 얻기 곤란한 경우<br>- 기타 설비 및 장치의 특성에 따라 시설 및 인명 안전에 영향을 미치지 않는 경우 | o 측정기를 이용한 접지저항 측정 | o 접지설비·구내통신설비·선로설비 및 통신공동구등에 대한 기술기준 제5조 제2항 |
| | 접지선의 굵기 | o 10Ω 이하 : 2.6mm 이상<br>o 100Ω 이하 : 1.6mm 이상<br>o 피복 : PVC 피복동선 또는 그 이상의 절연 효과를 갖는 전선<br>- 외부 노출되지 않는 접지선은 피복하지 않을 수 있음 | o 접지선 육안 확인<br>o 측정공구(버니어캘리퍼스 등)로 측정 | o 접지설비·구내통신설비·선로설비 및 통신공동구등에 대한 기술기준 제5조 제4항 |

## 붙임2. 사용 전 검사 기준 및 검사 방법

■ 배관 및 장치함 등

| 항목 | | 검사 기준 | 검사 방법 | 근 거 |
|---|---|---|---|---|
| 구내배관 | 배관의 종류 | o 금속관 또는 통신용 합성수지관 | o 시공사진, 자재납품확인서 확인 또는 육안확인 등 | o 방송공동수신설비의 설치기준에 관한 고시 제7조제1항 제1호 |
| | 배관의 내경 | o 수용되는 케이블단면적의 총합계가 배관 단면적의 32% 이하가 되도록 함 | o 육안확인 및 계측기를 이용한 측정 | o 방송공동수신설비의 설치기준에 관한 고시 제7조제1항 제2호 |
| | 배관의 굴곡 | o 곡률반경은 배관 내경의 6배 이상(엘보우 등 부가장치 사용 금지)<br>o 1구간 굴곡개소는 3개소 이내, 1개소 굴곡 각도는 90° 이내, 1구간 굴곡각도 합계는 180° 이내 | o 육안확인 및 계측기를 이용한 측정 또는 설계도서 확인 등 | o 방송공동수신설비의 설치기준에 관한 고시 제7조제1항 제3호<br>o 방송공동수신설비의 설치기준에 관한 고시 제7조제1항 제4호 |
| | 배관 설치방법 | o 세대단자함부터 직렬단자까지 배관<br>– 성형배선이 가능한 구조<br>– 통신용 배관과 공동사용 가능 | o 배관형태 육안 확인 | o 방송공동수신설비의 설치기준에 관한 고시 제7조제2항<br>o 방송공동수신설비의 설치기준에 관한 고시 제7조제3항 |
| 장치함 | 설치위치 | o 종합유선방송 구내전송선로설비와 최초로 접속되는 곳<br>o 방송공동수신안테나 케이블의 분배 · 분기 또는 접속을 위해 필요한 곳 | o 설계도서 및 현장 등 필수 설치위치 육안검사 | o 방송공동수신설비의 설치기준에 관한 고시 제3조의2 제2항 |
| | 설치방법 | o 내부에 절연보조장치, 잠금장치 및 통풍구 설치<br>o 계단, 복도 등 실내 공용부분 설치<br>o 증폭기, 분배기, 분기기, 보호기 및 케이블 등 필요한 설비를 수용할 수 있는 충분한 크기<br>o 증폭기 · 분배기 등 간에 신호 간섭이 없도록 설치<br>o 각 층에 설치되는 층장치함과 접속할 수 있도록 설치 | o 설계도서 및 현장 등 필수 설치위치 육안검사 | o 방송공동수신설비의 설치기준에 관한 고시 제3조의2 제3항 |
| 층장치함 | 설치위치 | o 각 세대별 단자함과 접속할 수 있는 곳 | o 설계도서 및 현장 등 필수 설치위치 육안검사 | o 방송공동수신설비의 설치기준에 관한 고시 제3조의2 제4항 |
| | 설치방법 | o 지하층에 설치되는 층장치함의 선로에는 에프엠라디오 및 이동멀티미디어방송을 수신할 수 있는 중계기용 무선기기 설치 | o 단말기를 이용한 수신여부 확인 | o 방송공동수신설비의 설치기준에 관한 고시 제3조의2 제4항 |
| 설치조건 등 | 설치 조건 | o 증폭기와 분배기 등의 장치는 외부에서 교체하기 쉬운 장치함에 설치<br>o 동축케이블이나 광케이블 등은 적당한 길이의 여분 설치 | o 설계도서 및 현장 등 필수 설치위치 육안검사 | o 방송공동수신설비의 설치기준에 관한 고시 제7조제5항 |
| | 직렬단자 | o 각 세대별 단자함에는 층 장치함으로부터 인입되는 지상파텔레비전방송, 에프엠라디오방송, 이동멀티미디어방송, 위성방송과 종합유선방송을 각각 수신할 수 있도록 선로 설치<br>o 선로에는 출력단자의 임피던스가 75Ω인 분배기 및 직렬단자를 설치하여야 한다. | o 임피던스 또는 수신레벨 측정 등 | o 방송공동수신설비의 설치기준에 관한 고시 제3조의2 제5항 |

## ■ 방송 공동수신 안테나 시설

| 항목 | | 검사 기준 | 검사 방법 | 근 거 |
|---|---|---|---|---|
| 설계조건 | 설계 전 전파조사 | o 수신전계강도 등 필요한 전파조사를 수행<br>- 단, 전파방송 관련 산업기사 이상의 자격자를 보유한 정보통신공사업자가 전파조사를 한 결과가 있는 경우 예외 | o 전파조사 수행결과 자료 검토 | o 방송공동수신설비의 설치기준에 관한 고시 제8조 |
| | 설계 | o 전파조사 결과 및 건축물의 규모와 형태를 고려하여 설계<br>o 방송신호의 손실이 가장 많은 경로에 접속되는 직렬단자에서의 예상 신호세기를 설계도서에 기록 | o 손실이 가장 많은 경로에 접속되는 직렬단자의 예상신호세기의 [별표 3] 질적수준 만족여부 확인 | o 방송공동수신설비의 설치기준에 관한 고시 제9조 |
| 신호의 전송 | 전송방법 | o 수신안테나로부터 들어오는 방송의 신호를 주파수의 변화 없이 그대로 전송<br>- 수신 불량 시, 방송주파수대역 범위에서 주파수변환전송 가능<br>- 주파수변환 전송 시, 지상파텔레비전방송 신호와 간섭이 없어야 함 | o 주파수 변경여부 확인<br>o 주파수를 변경한 경우 직렬단자에 TV 수상기 연결을 통해 타 지상파와 간섭여부 확인 | o 방송공동수신설비의 설치기준에 관한 고시 제10조 |
| 사용설비 및 기술기준 | 수신안테나 | o 지상파텔레비전방송, 에프엠라디오방송 및 이동멀티미디어방송 및 위성방송 신호 수신이 잘 되도록 설계<br>o 기계적, 화학적 내구성 우수<br>o 수신안테나와 동축케이블 접속부는 빗물에 침수되지 않는 구조 | o 질적수준 확인<br>o 내구성, 방수성 확인 | o 방송공동수신설비의 설치기준에 관한 고시 제12조 |
| | 수신안테나 설치방법 | o 모든 채널의 지상파텔레비전방송, 에프엠라디오, 이동멀티미디어방송 및 위성방송 신호 수신<br>o 한 조의 안테나로 둘 이상의 건축물에서 공동이용 가능<br>o 피뢰침과 1m 이상 이격<br>o 안테나지지 구조물은 풍하중에 견딜 수 있도록 설치 | o 질적수준 확인<br>o 피뢰침과의 이격거리 확인<br>o 구조물 설계도서 확인 | o 방송공동수신설비의 설치기준에 관한 고시 제13조 |
| | 증폭기 | o 주파수대역별로 분리증폭한 후 혼합출력 또는 전 대역 증폭<br>o 증폭기 기준<br>- 수동으로 출력세기 조정 가능<br>- 지상파텔레비전방송, 에프엠라디오, 이동멀티미디어방송 및 위성방송 방송 균일 증폭<br>- 공급되는 전원을 수동으로 연결하거나 차단 가능 | o 증폭기 기능 확인 | o 방송공동수신설비의 설치기준에 관한 고시 제16조 |
| | 분배기 및 분기기 | o 임피던스의 변화 없이 분배하거나 분기<br>o 유휴분배단자 및 유휴분기단자는 사용회선에 영향을 미치지 않도록 75Ω 종단 | o 설치된 설비 확인 | o 방송공동수신설비의 설치기준에 관한 고시 제17조 |
| | 신호처리기 | o [별표 2]의 기술기준에 맞게 입력 채널과 출력 채널 변환 가능 | o [별표 2] 기능 확인 | o 방송공동수신설비의 설치기준에 관한 고시 제18조 |
| 케이블 및 배선 | 구내배선 | o 구내배선은 동축케이블 또는 광케이블을 사용<br>o 장치함부터 세대단자함까지 또는 최초로 접속되는 직렬단자까지 단독배선<br>o 동일 실내의 경우 직렬단자를 활용하여 분배 또는 분기 가능<br>o 케이블 상호간 및 설비 접속 시, 접속기구(커넥터) 사용<br>o 통신용 케이블이 들어오는 세대단자함 공동 이용 가능 | o 단독배선 및 커넥터 사용여부 확인<br>o 통신간섭여부 확인 | o 방송공동수신설비의 설치기준에 관한 고시 제7조의2 |

## 붙임2. 사용 전 검사 기준 및 검사 방법

| 항목 | | 검사 기준 | 검사 방법 | 근 거 |
|---|---|---|---|---|
| 질적 수준 | 안테나시설의 질적 수준 | o 통신용 배관 이용 시 통신소통에 지장이 없도록 함<br>o 방송공동수신안테나시설의 질적수준은 [별표 3]을 따름 | o 질적수준 측정 | o 방송공동수신설비의 설치기준에 관한 고시 제22조 |

### ■ 종합유선방송 구내전송선로설비

| 항목 | | 검사 기준 | 검사 방법 | 근 거 |
|---|---|---|---|---|
| 설치 범위 | 구내전송 선로설비 설치범위 | o 도로와 택지 또는 건축물의 경계점으로부터 세대단자함까지<br>– 동축케이블은 인입접속점에서 세대단자함까지 | o 설비 설치여부 확인 | o 방송공동수신설비의 설치기준에 관한 고시 제23조 |
| 사용 설비 | 증폭기 | o 상향신호 및 하향신호를 분리하여 증폭 가능<br>o 수동으로 증폭기능 조절 가능<br>o 등화기 또는 감쇄기로 입력레벨을 등화 또는 감쇄 가능<br>o 전원을 수동으로 연결 또는 차단 가능<br>o 접지단자 구비 | o 기능시험 또는 자료를 통한 기능 확인 | o 방송공동수신설비의 설치기준에 관한 고시 제25조 |
| | 분배기 및 분기기 | o 임피던스 변화 없이 분배하거나 분기<br>o 유휴분배단자 및 유휴분기단자는 75Ω으로 종단 | o 기능 확인<br>o 유휴단자 종단 확인 | o 방송공동수신설비의 설치기준에 관한 고시 제26조 |
| 케이블 설치 방법 | 구내배선 | o 구내배선은 동축케이블 또는 광케이블을 사용<br>o 장치함부터 세대단자함까지 또는 최초로 접속되는 직렬단자까지 단독배선<br>o 동일 실내의 경우 직렬단자를 활용하여 분배 또는 분기 가능<br>o 케이블 상호간 및 설비 접속 시 접속기구(커넥터) 사용<br>o 통신용 케이블이 들어오는 세대단자함 공동 이용 가능<br>o 통신용 배관 이용 시, 통신소통에 지장이 없도록 함 | o 단독배선 및 커넥터 사용 여부 확인<br>o 통신간섭여부 확인 | o 방송공동수신설비의 설치기준에 관한 고시 제7조의2 |
| | 인입접속점 | o 사업자설비와 구내전송선로설비의 접속점은 보호기의 인입 커넥터 | o 인입접속점 접속 여부 확인 | o 방송공동수신설비의 설치기준에 관한 고시 제28조 |

## [붙임 3] 정보통신공사 착공 전 설계도 확인 점검 항목 (예시)

※ 검토결과 - 설계 보완: △, 설계 적합: O, 설계 부적합: X

### 1️⃣ 구내통신선로설비공사의 착공 전 설계도 확인

#### 1. 방송통신기자재 설계반영 여부 확인

| 항목 | 도면번호 | 검토내용 | 검토결과 | 근거 |
|---|---|---|---|---|
| 방송통신 기자재 규격품 | | 1. 공사시방서에 방송통신기자재는 전파법의 적합인증 제품(KC)과 정부인증규격품(KS)을 시공하도록 기록 확인<br>　1) 모듈러 잭/플러그, 배선반(110블럭) 등 | o | 전파법제58조의2 |

#### 2. 분계점 도면 검토

| 항목 | 도면번호 | 검토내용 | 검토결과 | 근거 |
|---|---|---|---|---|
| 분계점 | | 1. 사업용방송통신설비와 이용자방송통신설비의 분계점은 도로와 택지 또는 공동주택단지의 각 단지와의 경계점기준 설계<br>2. 국선과 구내선의 분계점을 사업용방송통신설비의 국선접속설비와 이용자방송통신설비가 최초로 접속되는 점(국선단자함)으로 설계 | o | 방송통신설비의 기술기준에 관한 규정 제4조 |
| 분계점 접속 기준 | | 분계점에서의 접속방식은 간단하게 분리·시험할 수 있도록 국선단자함 설계 | o | 방송통신설비의 기술기준에 관한 규정 제5조 |

#### 3. 옥외회선 도면검토

| 항목 | 도면번호 | 검토내용 | 검토결과 | 근거 |
|---|---|---|---|---|
| 옥외회선 지하인입 | | 구내통신선로설비의 옥외회선은 지하로 인입(引入)하도록 설계 | o | 방송통신설비의 기술기준에 관한 규정 제18조 |

#### 4. 맨홀 설치 장소

| 항목 | 도면번호 | 검토내용 | 검토결과 | 근거 |
|---|---|---|---|---|
| 맨홀 장소 | | 1. 맨홀 또는 핸드홀은 케이블의 설치 및 유지·보수 등의 작업 시 필요한 공간을 확보할 수 있는 구조로 설계<br>2. 맨홀 또는 핸드홀은 케이블의 설치 및 유지·보수 등을 위한 차량출입과 작업이 용이한 위치에 설치하도록 설계<br>3. 맨홀 또는 핸드홀에는 주변 실수요자용 통신케이블을 분기할 수 있는 인입 관로를 설치하도록 설계 | o | 접지설비·구내통신설비·선로설비 및 통신공동구등에 대한 기술기준 제48조 |

## 5. 지하관로 매설

| 항목 | 도면번호 | 검토내용 | 검토결과 | 근거 |
|---|---|---|---|---|
| 지하관로매설 | | 1. 지면에서 관로상단까지의 거리는 기준에 맞게 설계<br>　1) 「도로법 시행령」 [별표 2] 제1호 마목 : 0.8m 이상<br>　2) 철도, 고속도로 횡단구간 등 특수한 구간 : 1.5m 이상<br>2. 시방서에 관로 상단부와 지면사이에는 관로보호용 경고테이프를 관로 매설경로에 따라 매설하도록 설명 설계<br>3. 관로는 가스등 다른 매설물과 50㎝ 이상 떨어져 매설하도록 설계<br>4. 맨홀 또는 핸드홀간에 매설하는 관로는 케이블 견인에 지장을 주지 아니하는 곡률을 유지하고 직선성을 유지하도록 설계 | o | 접지설비·구내통신설비·선로설비 및 통신공동구등에 대한 기술기준 제47조 |

## 6. 보호기 및 접지

| 항목 | 도면번호 | 검토내용 | 검토결과 | 근거 |
|---|---|---|---|---|
| 보호기 및 접지 | | 보호기, 금속으로 된 주배선반, 단자함(구내통신단자함, 옥외분배함 등)·장치함 및 지지물 접지단자를 설치하여 접지하도록 설계 | o | 방송통신설비의 기술기준에 관한 규정 제7조 |

## 7. 맨홀설치

| 항목 | 도면번호 | 검토내용 | 검토결과 | 근거 |
|---|---|---|---|---|
| 맨홀설치 | | 1. 국선인입을 위한 관로, 맨홀, 핸드홀 및 전주 등 구내통신선로설비는 사업자의 맨홀, 핸드홀 또는 인입주로부터 건축물의 최초 접속점까지의 인입거리가 가능한 최단거리 설치하도록 설계<br>2. 국선을 지하로 인입하는 경우에는 배관, 맨홀 및 핸드홀 등을 [별표 2] 제1호 표준도에 준하여 설치하도록 설계<br>3. 구내의 맨홀 또는 핸드홀을 설치하지 아니하는 경우에는 [별표 2] 제2호 표준도에 준하여 설치하도록 설계<br>　- 인입선로 길이가 246m 미만이고 인입선로상 분기되지 않은 경우<br>　- 5회선 미만의 국선을 인입하는 경우<br>4. 건축주가 5회선 미만의 국선을 지하로 인입시키기 위해 사업자가 이용하는 인입맨홀·핸드홀 또는 인입주까지 지하배관을 설치하는 경우에는 [별표 2의1] 표준도에 준하여 설계<br>5. 종합유선방송설비의 인입을 위한 배관의 공수는 1공 이상으로 하며, 인입관로상 맨홀 및 핸드홀 등은 구내통신선로설비의 맨홀 및 핸드홀 등과 공용으로 사용할 수 있도록 설계 | o | 접지설비·구내통신설비·선로설비 및 통신공동구등에 대한 기술기준 제26조 |

## 8. 접지설비

| 항목 | 도면번호 | 검토내용 | 검토결과 | 근거 |
|---|---|---|---|---|
| 접지<br>저항 | | 1. 통신관련 접지저항은 10Ω 이하를 기준으로 설계<br>1. 다음의 경우는 100Ω 이하로 설계 확인<br>　1) 선로설비 중 선조·케이블에 대하여 일정 간격으로 시설하는 접지(단, 차폐케이블은 제외)<br>　2) 국선 수용 회선이 100회선 이하인 주배선반<br>　3) 보호기를 설치하지 않는 구내통신단자함 | ○ | 접지설비·구내통신설비·선로설비 및 통신공동구등에 대한 기술기준 제5조 |
| 접지선 | | 접지선은 PVC 피복 동선 또는 그 이상의 절연효과를 갖는 절연전선을 사용하고 접지극은 부식이나 토양오염 방지를 고려한 도전성 재료를 설계<br>　1) 10Ω 이하인 경우 직경 2.6mm 이상<br>　2) 100Ω 이하인 경우 직경 1.6mm 이상 | | |
| 접지체 | | 접지체는 가스, 산 등에 의한 부식의 우려가 없는 곳에 매설하여야 하며, 접지체 상단이 지표로부터 수직 깊이 75cm 이상 되도록 매설하되 동결심도보다 깊도록 하여 설계 | | |

## 9. 옥내통신선 이격거리

| 항목 | 도면번호 | 검토내용 | 검토결과 | 근거 |
|---|---|---|---|---|
| 옥내통신선<br>이격거리 | | 1. 옥내통신선은 이격거리를 기준으로 설계<br>　1) 300V초과 전선과의 이격거리는 15cm 이상<br>　2) 300V이하 전선과의 이격거리는 6cm 이상(애자사용 전기공사시 전선과 이격거리는 10cm 이상)<br>　3) 도시가스배관과는 혼촉 되지 않도록 설계 | ○ | 접지설비·구내통신설비·선로설비 및 통신공동구등에 대한 기술기준 제23조 |

## 10. 업무용 건축물의 통신실 면적 확보

| 항목 | 도면번호 | 검토내용 | 검토결과 | 근거 |
|---|---|---|---|---|
| 업무용 건축물 통신실 확보 | | 1. 6층 이상이고 연면적 5,000㎡ 이상인 업무용 건축물의 집중구내통신실과 층구내통신실 설계<br>　1) 집중구내통신실 : 10.2㎡ 이상으로 1개소 이상 확보하여 설계 확인<br>　2) 층 구내통신실을 확보하여 설계<br>　　(1) 각 층별 전용면적이 1,000㎡ 이상인 경우에는 각 층별로 10.2㎡ 이상으로 1개소 이상<br>　　(2) 각 층별 전용면적이 800㎡ 이상인 경우에는 각 층별로 8.4㎡ 이상으로 1개소 이상<br>　　(3) 각 층별 전용면적이 500㎡ 이상인 경우에는 각 층별로 6.6㎡ 이상으로 1개소 이상<br>　　(4) 각 층별 전용면적이 500㎡ 미만인 경우에는 각 층별로 5.4㎡ 이상으로 1개소 이상<br>2. 6층 이상이고 연면적 5,000㎡ 이상인 업무용 건축물 외의 업무용 건축물은 집중구내통신실을 확보하여 설계<br>　1) 건축물의 연면적이 500㎡ 이상인 경우 10.2㎡ 이상으로 1개소 이상 확보<br>　2) 500㎡ 미만인 경우는 5.4㎡ 이상으로 1개소 이상<br>　3) 같은 층에 집중구내통신실과 층구내통신실을 확보하여야 하는 경우에는 집중구내통신실만을 확보<br>　4) 층별 전용면적이 500㎡ 미만인 경우로서 각 층별로 통 | ○ | 방송통신설비의 기술기준에 관한 규정 제19조, [별표 2] |

| 항목 | 도면번호 | 검토내용 | 검토결과 | 근거 |
|---|---|---|---|---|
| | | 신실을 확보하기가 곤란한 경우에는 하나의 층구내통신실에 2개층 이상의 통신설비를 통합하여 수용할 수 있다. 이 경우 층구내통신실 확보면적은 통합 수용된 각 층의 전용면적을 합하여 층구내통신실의 확보 면적란의 기준을 적용 확인<br>5) 같은 층에 층구내통신실을 2개소 이상으로 분리 설치하려는 경우 층구내통신실의 면적은 최소 5.4㎡ 이상<br>3. 집중구내통신실은 지상에 설계하고 조명시설과 통신장비전용의 전원설비를 갖추어야 하며 출입구에 잠금장치를 설계 | | |

## 11. 공동주택 통신실의 면적 확보

| 항목 | 도면번호 | 검토내용 | 검토결과 | 근거 |
|---|---|---|---|---|
| 공동주택 통신실 확보 | | 1. 공동주택의 구내통신실 면적 확보 기준에 맞게 확보 확인<br> 1) 50세대 이상 500세대 이하 단지 : 10㎡ 이상으로 1개소<br> 2) 500세대 초과 1,000세대 이하 단지 : 15㎡ 이상 1개소<br> 3) 1,000세대 초과 1,500세대 이하 단지 : 20㎡ 이상 1개소<br> 4) 1,500세대 초과 단지 : 25㎡ 이상으로 1개소<br>2. 집중구내통신실은 외부환경에 영향이 적은 지상에 확보<br>3. 집중구내통신실에는 조명시설과 통신장비전용의 전원설비 구비여부<br>4. 집중구내통신실의 출입구에는 잠금장치를 설계 | | o 방송통신설비의 기술기준에 관한 규정 제19조, [별표 3] |

## 12. 홈 네트워크배관 공수

| 항목 | 도면번호 | 검토내용 | 검토결과 | 근거 |
|---|---|---|---|---|
| 홈네트워크 배관 공수 | | 구내의 옥내와 옥외에 한국산업표준 규격의 배관, 덕트 또는 트레이 설계 확인<br>1) 주택에 홈네트워크 설비를 설치하는 경우 세대단자함과 홈네트워크 주장치간에는 홈네트워크용 배관을 1공 이상 설계(제5항제2호의 규정보다 통신용 배관에 여유가 있는 경우 공용 가능) | | o 접지설비·구내통신설비·선로설비 및 통신공동구등에 대한 기술기준 제28조 |

## 13. 인입배관

| 항목 | 도면번호 | 검토내용 | 검토결과 | 근거 |
|---|---|---|---|---|
| 인입배관 | | 배관의 내경은 선로외경의 2배 이상이 되도록 설계 확인<br>1) 주거용 건축물 중 공동주택의 인입배관의 내경은 다음의 기준에 적합하게 설계<br> 가. 20세대 이상의 공동주택 : 최소 54㎜ 이상<br> 나. 20세대 미만의 공동주택 : 최소 36㎜ 이상<br>2) 주거용 및 기타건축물의 경우<br> - 1공 이상의 예비공을 포함하여 2공 이상,<br>3) 업무용건축물의 경우<br> - 2공 이상의 예비공을 포함하여 3공 이상 | | o 접지설비·구내통신설비·선로설비 및 통신공동구등에 대한 기술기준 제27조 |

## 14. 옥내배관

| 항목 | 도면번호 | 검토내용 | 검토결과 | 근거 |
|---|---|---|---|---|
| 배관의 요건 | | 1. 배관은 기계적 강도를 가진 내부식성 금속관 또는 한국산업표준 KS C 8454 (지하에 매설되는 배관의 경우에는 KS C 8455) 규격 이상의 합성수지제 전선관을 설계<br>2. 배관의 내경은 배관에 수용되는 케이블단면적의 총합계가 배관 단면적의 32% 이하로 설계<br>3. 배관의 굴곡은 가능한 완만하게 처리하여야 하되, 곡률반경은 배관내경의 6배 이상으로 설계<br>4. 배관의 1구간에 있어서 굴곡개소는 3개소 이내이어야 하며, 1개소의 굴곡 각도는 90° 이내로 하며 3개소의 합계는 180° 이내로 시공하도록 시방서에 설명 | o | 접지설비·구내통신설비·선로설비 및 통신공동구등에 대한 기술기준 제28조 |
| 수평배선계 | | 성형구조 또는 성형배선이 가능한 구조로 설계 | | |

## 15. 덕트의 설치

| 항목 | 도면번호 | 검토내용 | 검토결과 | 근거 |
|---|---|---|---|---|
| 덕트 요건 | | 1. 덕트는 선로를 용이하게 수용할 수 있는 구조와 유지·보수를 위한 충분한 공간이 있도록 설계<br>2. 수직으로 설치된 덕트의 주변에는 선로의 포설, 유지 및 보수의 작업을 용이하게 할 수 있는 디딤대 등을 설치하도록 설계여부.<br>3. 덕트의 내부에는 선로의 포설에 필요한 선로 받침대를 60㎝ 내지 150㎝의 간격으로 설계(선로용 배관 별도 설치 시 예외 가능)<br>4. 바닥 덕트 외의 덕트는 내부에 유지·보수 작업용 조명 또는 전기콘센트가 설치되도록 설계 | o | 접지설비·구내통신설비·선로설비 및 통신공동구등에 대한 기술기준 제28조 |
| 덕트 설치 | | 1. 덕트는 유지·보수를 위한 충분한 공간이 있도록 설계 확인<br>2. 수직으로 설치된 덕트의 주변에는 선로의 포설, 유지 및 보수의 작업을 용이하게 디딤대 설치하도록 설계 확인<br>3. 덕트의 내부에 선로 받침대를 60㎝ 내지 150㎝의 간격으로 설계 확인<br>4. 바닥 덕트 외의 덕트는 내부에 유지·보수 작업용 조명 또는 전기콘센트가 설치되도록 설계 | | |
| 업무용건축물 바닥덕트와 배관 | | 1. 구내선이 7.5m를 넘는 실내는 바닥덕트 또는 배관 설계<br> 1) 바닥덕트 또는 배관은 실내의 용도와 규모를 고려하여 성형 또는 망형으로 설계<br> 2) 바닥덕트 또는 배관의 매구간 교차점 또는 완곡부에 각 1개씩의 실내접속함을 설계<br> – 실내접속함의 간격은 7.5m 이내, 직선관로서 선로작업에 지장이 없는 경우에는 간격을 12.5m 이내<br>2. 접속함 및 인출구는 상면에 돌출되거나 침수되지 않도록 설계 | | |

## 16. 국선단자함

| 항목 | 도면번호 | 검토내용 | 검토결과 | 근거 |
|---|---|---|---|---|
| 국선단자함 설치 | | 1. 국선은 구내선과의 분계점에 설치된 주단자함 또는 주배선반에 수용하도록 설계<br>2. 국선은 주배선반에 수용하도록 설계<br>  1) 광섬유케이블 또는 300회선 미만의 동케이블을 수용하는 경우 : 주단자함 또는 주배선반<br>  2) 300회선 이상의 동케이블을 수용하는 경우 : 주 배선반<br>3. 국선단자함에 구내케이블을 수용하기 위한 단자를 설계여부<br>4. 공사시방서에 국선단자함에서 보호기를 통하여 국선과 구내케이블간의 회선접속의 설계 | | o 접지설비·구내통신설비·선로설비 및 통신공동구등에 대한 기술기준 제29조, [별표 4] |
| 국선단자함 요건 | | 1. 국선단자함은 기술기준에 적합하도록 설계<br>  1) 국선단자함은 국선수용 단자, 단자반 및 보호기를 설치할 수 있는 충분한 공간 및 구조를 갖추어야 하며 관로의 분계점과 가장 가까운 곳에 설치하도록 설계<br>  2) 국선단자함은 실내에 설치하고 선로를 수용할 단자함의 하부는 바닥으로부터 30cm 이상 되도록 설계<br>  3) 설치를 하지 않아야 하는 장소<br>    가. 세면실, 화장실, 보일러실, 발전기계실<br>    나. 분진·유해가스 및 부식증기를 접하는 장소<br>    다. 소화 호수시설을 갖춘 벽장 내<br>  4) 절연저항: 50MΩ 이상<br>  5) 단자 또는 접속어댑터 : 배선 케이블 등급과 동등 이상의 성능<br>  6) 회선표시물 : 각인 또는 표시판, 개폐장치: 잠금장치 구비된 문<br>  7) 보호장치 : 휴시 기능, 피뢰 기능 및 접지 기능<br>  8) 전원단자 : AC 전원단자<br>  9) 국선단자함과 장치함을 별도로 설치하는 경우 국선단자함과 장치함 구간에 28mm 이상 배관 1개 이상 설계<br>2. 400×500×80mm형 국선단자함<br>  - 크기 : 0.2㎡ 이상, 한 변의 길이 400mm 이상(깊이 80mm 이상)<br>3. 700×800×130mm형 국선단자함(종합유선방송 수신설비 수용 시)<br>  - 크기 : 0.56㎡ 이상, 한 변의 길이 700mm 이상(깊이 130mm 이상)<br>  - 단자함 내부 절연보조장치 및 통풍구, 용도별 설비수용을 위한 격벽 설계 | | |

## 17. 구내간선계와 건물간선계

| 항목 | 도면번호 | 검토내용 | 검토결과 | 근거 |
|---|---|---|---|---|
| 구내간선계와 건물간선계 | | 1. 동등 이상 내경을 가진 예비공 1공 이상을 포함하여 2공 이상 설계<br>2. 트레이 및 덕트 등을 설치할 경우에는 증설을 고려하여 여유 공간을 확보 설계 | o | 접지설비·구내통신설비·선로설비 및 통신공동구등에 대한 기술기준 제28조 |

## 붙임3. 정보통신공사 착공 전 설계도 확인 점검 항목(예시)

### 18. 중간단자함 및 세대단자함

| 항목 | 도면번호 | 검토내용 | 검토결과 | 근거 |
|---|---|---|---|---|
| 중간단자함 및 세대단자함설치 | | 1. 중간단자함 설치위치는 적정하게 설계<br> 1) 제28조제5항제4호의 규정에 부적합한 배관의 굴곡점<br> 2) 선로의 분기 및 접속을 위하여 필요한 곳<br>2. 세대단자함 설치위치는 적정하게 설계<br> 1) 공동주택에는 세대별로 세대단자함을 설계<br> - 세대 내에서 분기가 없는 기숙사 및 주택법시행령 제10조제1항제1호에서 규정하는 원룸형 주택의 모든 요건을 갖춘 주택 제외 | o | 접지설비·구내통신설비·선로설비 및 통신공동구등에 대한 기술기준 제30조 |

### 19. 주거용 건축물의 구내 배선

| 항목 | 도면번호 | 검토내용 | 검토결과 | 근거 |
|---|---|---|---|---|
| 주거용 건축물 구내 배선 | | 1. 주거용 건축물에 설치하는 구내배선은 적합하게 설계 확인<br> 1) 한 개의 공동주택인 경우에는 [별표 11]의 제1호 표준도에 준하여 설계<br> 2) 두 개 이상의 공동주택이 하나의 단지를 형성할 때는 [별표 11]의 제2호 표준도에 준하여 설계<br> 3) 국선단자함이 설치된 공동주택에서 각 공동주택별로 구내간선케이블을 설치하여 동단자함에 배선하여 설계<br> 4) 세대단자함에서 각 인출구까지는 성형배선 방식으로 설계<br> 5) 국선단자함에서 세대 내 인출구까지 꼬임케이블을 배선할 경우에 구내배선설비의 링크 성능은 100MHz 이상의 전송특성이 유지되도록 설계<br> 6) 동단자함이 설치 된 경우에는 링크성능 측정구간은 동단자함에서 세대 내 인출구까지로 설계<br> 7) 홈네트워크설비를 설치하는 경우에는 홈네트워크 주장치와 홈네트워크 기기간에 꼬임케이블, 신호전송용케이블 등을 사용하여 통신소통에 지장이 없도록 설계<br> 8) 제30조제1항 각호에 해당하지 아니하여 국선단자함 또는 동단자함에서 세대단자함 또는 인출구까지 직접 배선하는 경우 수평배선계의 케이블 설치방식으로 설계 | o | 접지설비·구내통신설비·선로설비 및 통신공동구등에 대한 기술기준 제33조 |

### 20. 업무용과 기타 건축물의 구내 배선

| 항목 | 도면번호 | 검토내용 | 검토결과 | 근거 |
|---|---|---|---|---|
| 업무용건축물과 기타건축물 구내 배선 | | 1. 업무용과 기타건축물에 설치하는 구내배선은 기준에 적합하게 설계<br> 1) 한 개의 건축물인 경우에는 [별표 12]의 제1호 표준도에 준하여 설계<br> 2) 하나의 부지에 두 개 이상의 건축물이 있는 경우에는 [별표 12]의 제2호 표준도에 준하여 설계<br> 3) 국선단자함이 설치된 건축물에서 각 건축물별로 구내간선케이블을 설치하여 동단자함에 배선하도록 설계<br> 4) 층단자함에서 각 인출구까지는 성형배선으로 설계<br> 5) 국선단자함에서 인출구까지 꼬임케이블의 링크성능은 100MHz 이상의 전송특성이 유지되도록 설계<br> 6) 동단자함이 설치된 경우 링크성능 구간은 동단자함에서 인출구까지 설계<br> 7) 제30조제1항 각호에 해당하지 아니하여 국선단자함 또는 동단자함에서 인출구까지 직접 배선하는 경우는 수평배선계의 케이블 설치방식으로 설계 | o | 접지설비·구내통신설비·선로설비 및 통신공동구등에 대한 기술기준 제33조 |

## 21. 회선 종단장치

| 항목 | 도면번호 | 검토내용 | 검토결과 | 근거 |
|---|---|---|---|---|
| 회선종단장치 | | 1. 주거용 건축물의 통신용 인출구는 모듈러잭이나 동축커넥터 또는 광인출구 등으로 종단하도록 설계<br>2. 업무용 및 기타건축물의 통신용 인출구는 각 실별 단위로 모듈러잭이나 동축커넥터 또는 광인출구의 통신용 인출구 또는 통신용 단자함으로 종단하도록 설계<br>3. 인출구는 통신용선로, 방송공동수신설비, 홈네트워크설비 등을 하나의 인출구로 종단할 경우에는 선로상호간 누화로 인한 통신소통에 지장이 없도록 설계 가능 | o | 접지설비·구내통신설비·선로설비 및 통신공동구등에 대한 기술기준 제31조 |

## 22. 구내통신선의 배선

| 항목 | 도면번호 | 검토내용 | 검토결과 | 근거 |
|---|---|---|---|---|
| 구내통신선의 배선 | | 1. 건물간선케이블 및 수평배선케이블은 100MHz 이상의 전송대역을 갖는 꼬임케이블, 광섬유케이블 설계<br>2. 옥외의 구내간선케이블은 옥외용 꼬임케이블, 옥외용 광섬유케이블 설계<br>- 공동구, 지하주차장 등 외부 환경에 영향이 적은 지하에 설치되는 경우에는 옥내용 케이블 설계 가능 | o | 접지설비·구내통신설비·선로설비 및 통신공동구등에 대한 기술기준 제32조 |

## 23. 광케이블과 꼬임케이블

| 항목 | 도면번호 | 검토내용 | 건토결과 | 근거 |
|---|---|---|---|---|
| 광케이블 링크 성능 기준 | | 1. 광케이블은 구내통신선로의 링크성능 기준 [별표 6]을 시방서에 표기 설계<br>2. 공사시방서에 케이블은 다음의 성능 이상급 설계<br>가. 공동주택 및 업무용건축물<br><br>| 종류 | 파장 (nm) | 채널손실 |<br>|---|---|---|<br>| 단일모드 | 1,310 | 7dB 이하 |<br>| | 1,550 | 7dB 이하 |<br>| 다중모드 | 850 | 13dB 이하 |<br>| | 1,300 | 9dB 이하 |<br><br>주)링크성능은 집중구내통신실에서 광섬유케이블의 종단(세대단자함 또는 인출구)까지의 기준임<br>나. 공동주택 외 주거용 건축물 및 기타건축물<br><br>| 종류 | 파장 (nm) | 채널손실 |<br>|---|---|---|<br>| 단일모드 | 1,310 | 3.45dB 이하 |<br>| | 1,550 | 3.45dB 이하 |<br><br>주) 링크성능은 국선단자함에서 광섬유케이블의 종단(세대 단자함 또는 인출구)까지의 기준임 | o | 접지설비·구내통신설비·선로설비 및 통신공동구등에 대한 기술기준 제33조 |
| 꼬임케이블 성능 기준 | | 꼬임케이블은 100MHz 이상의 전송특성을 갖도록 시방서에 표기 설계<br><br>| 측정항목 | 측정주파수 (MHz) | 기준값 100MHz | 기준값 250MHz |<br>|---|---|---|---|<br>| 반사손실 (dB) | 1 | 17.0 이상 | 19.0 이상 |<br>| | 16.0 | 17.0 이상 | 18.0 이상 |<br>| | 100.0 | 10.0 이상 | 12.0 이상 | | | |

| | | | 250.0 | – | 8.0 이상 |
|---|---|---|---|---|---|
| | | 감쇠 (dB) | 1.0 | 2.2 이하 | 3.0 이하 |
| | | | 16.0 | 9.1 이하 | 8.0 이하 |
| | | | 100.0 | 24.0 이하 | 21.3 이하 |
| | | | 250.0 | – | 35.9 이하 |
| | | 근단 누화손실 (dB) | 1.0 | 60.0 이상 | 65.0 이상 |
| | | | 16.0 | 43.6 이상 | 53.2 이상 |
| | | | 100.0 | 30.1 이상 | 39.9 이상 |
| | | | 250.0 | – | 33.1 이상 |
| | | 근단 누화 전력합 손실 (dB) | 1.0 | 57.0 이상 | 62.0 이상 |
| | | | 16.0 | 40.6 이상 | 50.6 이상 |
| | | | 100.0 | 27.1 이상 | 37.1 이상 |
| | | | 250.0 | – | 30.2 이상 |
| | | 원단감쇠대누화비 (dB) | 1.0 | 57.4 이상 | 63.3 이상 |
| | | | 16.0 | 33.3 이상 | 39.2 이상 |
| | | | 100.0 | 17.4 이상 | 23.3 이상 |
| | | | 250.0 | – | 15.3 이상 |
| | | 원단감쇠대 누화비전력합 (dB) | 1.0 | 54.4 이상 | 60.3 이상 |
| | | | 16.0 | 30.3 이상 | 36.2 이상 |
| | | | 100.0 | 14.4 이상 | 20.3 이상 |
| | | | 250.0 | – | 12.3 이상 |
| | | 전달지연(ns) | 10.0 | 555 이하 | 555 이하 |
| | | 전달지연변이(ns) | 10.0 | 50 이하 | 50 이하 |

## 24. 선로성능 유지

| 항목 | 도면번호 | 검토내용 | 검토결과 | 근거 |
|---|---|---|---|---|
| 선로 성능 유지 | | 1. 공사시방서에 통신용선로, 방송공동수신설비, 홈네트워크 설비 등을 동일 배관에 함께 수용할 경우에는 선로상호간 누화로 인하여 통신소통에 지장이 없도록 설계<br>2. 공사시방서에 구내배선에 사용하는 접속자재는 배선케이블 등급과 동등 이상의 제품을 설계 | o | 접지설비·구내통신설비·선로설비 및 통신공동구등에 대한 기술기준 제33조 |

## 25. 회선 수 확보

| 항목 | 도면번호 | 검토내용 | 검토결과 | 근거 |
|---|---|---|---|---|
| 공통 | | 1. 구내통신선로설비에는 충분한 회선을 확보하여 설계<br>　1) 구내로 인입되는 국선의 수용 회선 수<br>　2) 구내회선의 구성 회선 수<br>　3) 단말장치 등의 증설을 반영한 회선 수 | | o 방송통신설비의 기술기준에 관한 규정 제20조, [별표 4] |
| 주거용 건축물 회선수 | | 1. 주거용 건축물 회선수 확보하여 설계<br>　1) 국선단자함에서 세대단자함 또는 인출구까지 단위세대 당 1회선(4쌍 꼬임케이블 기준) 이상 또는 광섬유케이블 2코어 이상<br>　2) 광다중화 기능을 갖는 국선단자함과 동단자함이 있는 경우에는 국선단자함에서 동단자함까지 광섬유케이블 8코어 이상, 동단자함에서 세대단자함이나 인출구까지 | | |

| | | | | |
|---|---|---|---|---|
| | | 단위세대당 1회선(4쌍 꼬임케이블 기준) 이상 또는 광섬유케이블 2코아 이상 | | |
| 업무용 건축물 회선 수 | | 1. 업무용 건축물 회선 수 확보하여 설계<br> 1) 국선단자함에서 세대단자함 또는 인출구까지 업무구역(10㎡) 당 1회선(4쌍 꼬임케이블 기준) 이상 또는 광섬유케이블 2코아 이상<br> 2) 광다중화 기능을 갖는 국선단자함과 동단자함이 있는 경우에는 국선단자함에서 동단자함까지 광섬유케이블 8코아 이상, 동자함에서 세대단자함이나 인출구까지 업무구역(10㎡) 당 1회선(4쌍 꼬임케이블 기준) 이상 또는 광섬유케이블 2코아 이상 | | |
| 주거용과 업무용 외의 건축물 | | 1. 주거용과 업무용 외의 용도를 갖는 건축물 회선 수<br> 1) 건축물의 용도를 고려하여 주거용과 업무용 회선 수 확보기준을 신축적으로 적용하여 설계 | | |

## ② 이동통신구내선로설비공사의 착공 전 설계도 확인

### 1. 급전선의 인입 배관

| 항목 | 도면번호 | 검토내용 | 검토결과 | 근거 |
|---|---|---|---|---|
| 급전선의 인입 배관 | | 1. 급전선 또는 광케이블을 인입하기 위한 배관 등은 [별표 7]의 제1호부터 제3호의 표준도에 준하여 설계<br>　1) 옥외 안테나(옥상 또는 지상에 설치하는 안테나를 말하며 이하 같다)에서 기지국의 송수신장치 또는 중계장치(이하 "중계장치 등"이라 한다)까지 급전선 또는 광케이블을 설치하기 위한 시설은 배관, 덕트 또는 트레이로 설계<br>　2) 옥외 안테나에서 중계장치 등까지 설치하는 배관은 건물 내 통신배관실을 이용하여 설치하는 경우 외 다음 각 목에 적합하게 설계<br>　　- 급전선을 수용하는 배관의 내경은 36mm 이상 또는 급전선 외경(다조인 경우에는 그 전체의 외경)의 2배 이상이 되어야 하며, 3공 이상을 설치하도록 설계<br>　　- 광케이블을 수용하는 배관의 내경은 22mm 이상이어야 하며, 예비공 1공 이상을 포함하여 2공 이상을 설치하도록 설계<br>　3) 배관 및 덕트는 제28조제4항제1호, 제5항 및 제6항의 규정을 준용하여 설치하도록 설계<br>　　- 구내통신선로설비의 배관이 제28조제5항제2호의 요건을 만족하고 상호 소통에 지장이 없는 경우에는 공동으로 사용할 수 있도록 설계<br>　4) 도시철도시설에서 배관의 설치 구간은 관로의 분계점에 가까운 맨홀에서 중계장치 까지 설계 | | ㅇ 접지설비·구내통신설비·선로설비 및 통신공동구등에 대한 기술기준 제35조 |

### 2. 접속함

| 항목 | 도면번호 | 검토내용 | 검토결과 | 근거 |
|---|---|---|---|---|
| 접속함 | | 1. 설치 위치 : 급전선 또는 광케이블의 포설 및 철거가 용이하도록 접속함을 설계<br>　1) 배관의 길이가 40m를 초과할 경우<br>　2) 제28조제5항제4호의 규정에 부적합한 배관의 굴곡점 | | ㅇ 접지설비·구내통신설비·선로설비 및 통신공동구등에 대한 기술기준 제36조 |
| | | 2. 성능은 기술기준에 적합하게 설계<br>　- 절 연 저 항 : 50㏁ 이상<br>　- 두께 : 1.5mm 이상의 연강판 또는 동등 이상<br>　- 문 : 여닫이식 | | ㅇ 접지설비·구내통신설비·선로설비 및 통신공동구등에 대한 기술기준 제36조, [별표 7] |

### 3. 접지시설

| 항목 | 도면번호 | 검토내용 | 검토결과 | 근거 |
|---|---|---|---|---|
| 접지시설 | | 접지시설은 제5조의 규정 및 [별표 7]의 제1호부터 제3호의 표준도에 준하여 설계<br>　- 접지단자는 중계장치 등이 설치되는 각 층에 중계장치 등으로부터 최단거리에 설치하도록 설계<br>기간통신사업자는 접지단자로부터 중계장치 등까지 접지선을 설치하도록 명기 | | ㅇ 접지설비·구내통신설비·선로설비 및 통신공동구등에 대한 기술기준 제37조 |

## 4. 상용전원

| 항목 | 도면번호 | 검토내용 | 검토결과 | 근거 |
|---|---|---|---|---|
| 상용전원 | | 중계장치 등의 전원은 용량이 4kW 이상으로서 교류 220V 전원단자가 3개 이상이어야 하며, [별표 7]의 제1호부터 제3호의 표준도에 준하여 설계<br>– 전원단자는 중계장치 등이 설치되는 각 층에 중계장치 등으로부터 최단거리에 설치하도록 설계<br>기간통신사업자는 전원단자로부터 중계장치 등까지 전원선을 설치하도록 명기 | | o 접지설비·구내통신설비·선로설비 및 통신공동구등에 대한 기술기준 제38조 |

## 5. 배관시설

| 항목 | 도면번호 | 검토내용 | 검토결과 | 근거 |
|---|---|---|---|---|
| 배관시설 구조 | | 이동통신구내선로설비를 구성하는 배관시설은 설치된 후 배선의 교체 및 증설시공이 쉽게 이루어질 수 있는 구조로 설계 | | o 방송통신설비의 기술기준에 관한 규정 제18조 |

## 6. 중계기설치를 위한 장소확보 공통사항

| 항목 | 도면번호 | 검토내용 | 검토결과 | 근거 |
|---|---|---|---|---|
| 장소확보 | | 1. 규정 제17조의2 및 제17조의3에 따른 대상 시설에는 송수신용 안테나, 중계장치 등의 설치 또는 운영을 위하여 기준에 적합한 장소를 확보하여 설계<br>1) 옥외 안테나의 설치를 위하여 전파의 송수신이 가장 양호한 곳으로서 각각 4㎡ 이상의 면적을 갖는 1개소 이상의 설치장소. 다만, 분계점에 가까운 맨홀에서 중계장치 등까지 광케이블을 통해 신호를 전달하는 경우에는 해당 없음.<br>2) 중계장치 등의 설치를 위하여 분진이나 유해가스로부터 격리된 각각 2㎡ 이상의 면적(높이 2m 이상)을 갖는 1개소 이상의 설치장소<br>3) 설치장소는 옥외안테나 또는 중계장치 등의 설치 및 유지·보수를 위한 작업 등에 지장이 없도록 설계 | | o 접지설비·구내통신설비·선로설비 및 통신공동구등에 대한 기술기준 제39조 |

## 7. 공동주택 및 공동주택 외 건축물 중계기 설치 장소

| 항목 | 도면번호 | 검토내용 | | 검토결과 | 근거 |
|---|---|---|---|---|---|
| 공동주택<br>(연면적 합계<br>1,000㎡<br>이상) | | 1. 중계기 설치 장소를 적합하게 선정하여 설계 | | | o 접지설비·구내통신설비·선로설비 및 통신공동구등에 대한 기술기준 [별표 7] 제2호 |
| | | 설 치 대 상 | 설 치 장 소 | | |
| | | 가. 규정 제24조의2제1항에 따라 협의하여 지상층에 이동통신중계설비를 설치하기로 한 주택 및 시설 | 각 지하층 및 과학기술정보통신부장관이 정하여 고시하는 기준에 적합한 지상층 | | |
| | | 나. 가목에 해당하지 않는 지하층이 있는 주택 및 시설 | 각 지하층 | | |
| | | 1) 기지국의 송수신장치 또는 중계장치를 옥상에 설치하는 경우에는 단지 내 1개소 이상의 장소를 확보하여야 하며, 지하층에 설치하는 경우에는 지하층 바닥면적의 합계 5,000㎡ 당 1개소 이상의 장소를 확보하도록 설계<br>2) 옥상의 기지국 송수신장치 또는 중계장치를 별도의 실 안에 설치하고자 하는 경우에는 실내 적정 온도 유지를 위해 | | | |

붙임3. 정보통신공사 착공 전 설계도 확인 점검 항목(예시)

| | | | | |
|---|---|---|---|---|
| | | 환기구를 갖추도록 설계<br>3) 옥상에 옥외안테나 등을 설치하는 경우에는 접지시설 및 전원시설 등이 옥상까지 확보되어야 하며, 옥상을 관통할 때에는 방수 처리를 포함한 설계<br>4) 500세대 미만의 공동주택의 경우에는 지상층을 제외한 지하층에만 구내용 이동통신설비를 설치하도록 설계<br>공사시방서에 옥외 안테나를 옥상에 설치하는 경우 기간통신사업자는 옥상의 옥외 안테나에서 기지국의 송수신장치 또는 중계장치까지 배관, 덕트 또는 트레이를 설계 | | |
| 공동주택 외 건축물<br>(연면적 합계 1,000㎡ 이상) | | 1. 중계기 설치 장소를 적합하게 선정하여 설계<br><br>\| 설 치 대 상 \| 설 치 장 소 \|<br>\|---\|---\|<br>\| 가. 「건축법 시행령」 제2조제17호에 따른 다중이용건축물(공동주택 제외) \| 각 지하층 및 각 지상층 \|<br>\| 나. 가목에 해당하지 않는 지하층이 있는 건축물(공중 지하도ㆍ터널ㆍ지하상가 및 지하주차장 등 지하건축물 포함) \| 각 지하층 \|<br><br>1) 건축물에서 기지국의 송수신장치 또는 중계장치의 설치장소는 바닥면적의 합계 10,000㎡ 당 1개소 이상의 장소를 확보하도록 설계<br>2) 터널의 기지국 송수신장치 또는 중계장치는 터널 내부 또는 지상에 설치할 수 있도록 설계<br>3) 터널의 지상에 기지국 송수신장치 또는 중계장치를 설치하는 경우 접지시설 및 전원설비 등을 지상에 확보하도록 설계<br>4) 터널 길이에 따라 신호전달이 어려운 경우 2개 이상의 중계장치 설치하도록 설계<br>5) 복수 터널인 경우 각 터널 별 별도의 관로를 설치하고 지상에서 터널 내부로 관통할 때는 방수처리가 되도록 설계 | | o 접지설비·구내통신설비·선로설비 및 통신공동구등에 대한 기술기준 [별표 7] 제1호 |

## 8. 도시철도시설 중계기 설치 장소

| 항목 | 도면번호 | 검토내용 | 검토결과 | 근거 |
|---|---|---|---|---|
| 도시철도시설 | | 중계기 설치장소는 기준에 적합한 장소에 설계 확인<br>1) 기지국의 송수신장치 또는 중계장치는 역사 및 역 시설에 2개소 이상, 승강장 양끝단에 각각 1개소 그리고 선로구간에서는 승강장 양 끝단으로부터 각 방향으로 250±20m 간격마다 설치 장소 확보<br>2) 통신실에 여유가 있는 경우에는 외부로부터 인입된 광케이블과 최초로 접속되는 기지국 송수신장치 또는 중계장치를 설계 | | o 접지설비·구내통신설비·선로설비 및 통신공동구등에 대한 기술기준 [별표 7] 제3호 |

237

## ③ 방송 공동수신설비공사의 착공 전 설계도 확인

### 1. 방송 공동수신 안테나 시설(지상파TV, 위성방송, FM라디오방송, DMB방송설비)

#### (1) 안테나설비

| 항목 | 도면번호 | 검토내용 | 검토결과 | 근거 |
|---|---|---|---|---|
| 방송통신 기자재 설계 | | 방송통신기자재는 전파법의 적합인증 제품과 정부인증 규격품을 사용 하도록 시방서에 기록 확인 | | ○ 전파법 제58조의2<br>○ 방송 공동수신설비의 설치기준에 관한 고시 제10조, [별표 1] |
| 방송 주파수 전송방법 | | 방송 공동수신 안테나 시설은 수신안테나로부터 들어오는 방송의 신호를 주파수의 변환 없이 그대로 전송 설계<br>1) 지상파TV방송 주파수대역: 54~771 MHz<br>2) FM라디오방송 주파수대역 : 88.1~107.9 MHz<br>3) 위성방송 주파수대역: 950~2150MHz<br>4) 이동멀티미디어방송 주파수대역(174~216MHz) | | |
| 지상파수신 안테나 | | 1. 수신안테나는 지상파텔레비전방송, 에프엠라디오방송, 이동멀티미디어방송 및 위성방송 신호를 잘 수신할 수 있도록 설계·제작하여야 하며, 기계적·화학적으로 내구성이 우수한 안테나 설계<br>2. 공사 시방서에 수신안테나와 동축케이블의 접속부는 빗물이 침수되지 않는 구조로 접속도록 설계<br>3. 수신안테나 설치 상세 설계도면을 작성 확인<br>4. 수신안테나는 모든 채널의 지상파텔레비전방송, 에프엠라디오방송, 이동멀티미디어방송 및 위성방송 신호를 수신할 수 있도록 안테나를 구성 설계<br>5. 둘 이상의 건축물이 하나의 단지를 구성하고 있는 경우에는 한조의 수신안테나를 설치하여 이를 공동으로 사용 설계<br>6. 수신안테나는 벼락으로부터 보호될 수 있도록 설치하되, 피뢰침과 1m 이상의 거리를 두도록 설계<br>7. 수신안테나를 지지하는 구조물은 풍하중을 견딜 수 있도록 견고하게 설치하도록 설계<br>8. 풍하중의 산정에 관하여는 「건축물의 구조기준 등에 관한 규칙」 제9조를 준용하여 설계<br>9. 수신안테나 유지·보수시 추락방지와 접근이 쉽도록 옥상 출입구에서 안테나위치까지 통로 가까운 곳에 설치하도록 설계 | | ○ 방송 공동수신설비의 설치기준에 관한 고시 제11조제3항, 제12조, 제13조 |

#### (2) 증폭기 설치 설계

| 항목 | 도면번호 | 검토내용 | 검토결과 | 근거 |
|---|---|---|---|---|
| 증폭기 | | 1. 증폭기는 수신안테나로부터 입력된 신호를 수신주파수대역별로 분리증폭한 후 이를 다시 혼합하여 출력하거나 전 대역을 광 대역으로 증폭하는 제품 설계<br>2. 증폭기는 다음의 기준에 맞게 설계<br>1) 수동으로 출력신호의 세기를 조정<br>2) 지상파텔레비전방송, 에프엠라디오방송, 이동멀티미디어방송 및 위성방송의 신호를 균일하게 증폭<br>3) 케이블 또는 별도의 전력선으로부터 전원을 공급받을 수 있어야 하고, 공급되는 전원을 수동으로 연결하거나 차단 | | ○ 방송 공동수신설비의 설치기준에 관한 고시 제11조제3항, 제16조 |

## (3) 비상전원 설비

| 항목 | 도면번호 | 검토내용 | 검토결과 | 근거 |
|---|---|---|---|---|
| 비상전원 설비 | | 에프엠(FM)라디오 및 이동멀티미디어방송의 지하층 수신에 필요한 방송 공동수신설비는 정전 시에도 항상 방송수신을 유지할 수 있도록 비상전원 공급이 가능한 회로를 구성하여 설계 | | o 방송 공동수신설비의 설치기준에 관한 고시 제4조 |

## (4) 세대별 단자함

| 항목 | 도면번호 | 검토내용 | 검토결과 | 근거 |
|---|---|---|---|---|
| 세대별 단자함 | | 각 세대별 단자함에는 층 장치함으로부터 인입되는 지상파텔레비전방송, 에프엠라디오방송, 이동멀티미디어방송 및 위성방송과 종합유선방송을 각각 수신할 수 있도록 선로를 설계하고, 그 선로에는 출력단자의 임피던스가 75Ω 인 분배기 및 직렬단자를 설계(단, 중계기용 무선기기 설치는 제외) | | o 방송 공동수신설비의 설치기준에 관한 고시 제3조의2 |

## (5) 안전조건

| 항목 | 도면번호 | 검토내용 | 검토결과 | 근거 |
|---|---|---|---|---|
| 안전조건 | | 방송 공동수신설비에는 보호기를 설치하도록 설계를 하고 보호기의 성능 및 접지에 관하여는 「방송통신설비의 기술기준에 관한 규정」 제7조를 준용 설계 | | o 방송 공동수신설비의 설치기준에 관한 고시 제4조 |

## (6) 장치함 설치

| 항목 | 도면번호 | 검토내용 | 검토결과 | 근거 |
|---|---|---|---|---|
| 장치함 | | 1. 장치함은 방송 공동수신 안테나 케이블과 연결할 수 있도록 설계<br>2. 방송공동수신안테나 케이블의 분배·분기 또는 접속을 위하여 필요한 곳에 장치함 설계<br>3. 장치함의 내부에는 절연 보조 장치, 잠금장치 및 통풍구 등을 설치하도록 설계<br>4. 장치함은 계단이나 복도 실내의 공용부분에 설계<br>5. 장치함의 크기는 증폭기, 분배기, 분기기, 보호기 및 케이블 등 필요한 설비를 수용할 수 있는 충분한 공간을 확보하여 설계<br>6. 증폭기·분배기 간에 신호의 간섭이 없도록 설계 확인<br>7. 장치함은 각 층(지하층 포함)에 설치되는 층 장치함과 접속할 수 있도록 설계 | | o 방송 공동수신설비의 설치기준에 관한 고시 제3조의2 |
| 층 장치함 | | 층 장치함은 각 세대별 단자함과 접속할 수 있도록 설계 확인. 다만, 지하층에 설치되는 층 장치함의 선로에는 에프엠(FM)라디오 및 이동멀티미디어방송을 수신할 수 있는 중계기용 무선기기를 설치하되, 옥상 등의 수신안테나와 연결하도록 설계 | | o 방송 공동수신설비의 설치기준에 관한 고시 제3조의2 |

## (7) 분배기, 직렬단자 설치

| 항목 | 도면번호 | 검토내용 | 검토결과 | 근거 |
|---|---|---|---|---|
| 분배기 분기기 | | 1. 지상파텔레비전방송, 에프엠라디오방송, 이동멀티미디어방송 및 위성방송 신호를 임피던스의 변화 없이 분배하거나 분기할 수 있도록 설계<br>2. 유휴분배단자와 유휴분기단자는 사용회선에 영향을 미치지 아니하도록 75Ω 으로 종단하도록 설계 | | ○ 방송 공동수신설비의 설치기준에 관한 고시 제11조, 제17조, [별표 3] |
| 직렬단자 (75Ω) 출력 레벨 | | 아날로그채널(FM포함) — 55 ~ 85dBμV<br>디지털 채널(8VSB) — 37 ~ 67dBμV<br>초고화질 채널(OFDM, QAM) — 39 ~ 69dBμV<br>이동멀티미디어방송채널 — 23 ~ 53dBμV<br>디지털위성방송채널 — 36 ~ 66dBμV | | |

## (8) 구내배관의 설치

| 항목 | 도면번호 | 검토내용 | 검토결과 | 근거 |
|---|---|---|---|---|
| 구내배관 | | 1. 배관은 선로를 보호할 수 있고, 부식에 강한 금속관 또는 통신용 합성수지관 설계<br>2. 배관의 안지름은 배관에 들어가는 케이블 단면적의 총합계가 배관 단면적의 32% 이하가 되도록 설계<br>3. 배관의 굴곡은 가능하면 완만하게 처리하여야 하고, 곡률반지름은 배관 안지름의 6배 이상으로 설계<br>4. 장치함부터 세대단자함까지 또는 장치함에서 다른 장치함까지 등 한 구간의 배관은 굴곡 부분은 3개소 이하로 하고, 1개소의 굴곡 각도는 직선상태의 배관이 꺾이는 각도가 90° 이하로 하며, 꺾인 각도의 합계는 180° 이하로 설계<br>5. 세대단자함부터 직렬단자까지의 배관은 성형배선이 구조로 설계<br>6. 세대단자함부터 직렬단자까지는 통신용 배관을 단독 또는 공동으로 사용을 하도록 설계<br>7. 건축물의 벽이나 바닥 안에 설치하는 증폭기와 분배기 등의 장치는 외부에서 교체하기 쉬운 장치함에 설계 | | ○ 방송 공동수신설비의 설치기준에 관한 고시 제7조 |

## (9) 구내배선의 설치

| 항목 | 도면번호 | 검토내용 | 검토결과 | 근거 |
|---|---|---|---|---|
| 광케이블 | | 광(光)케이블 성능<br>광섬유 케이블 — 단일모드광섬유(SMF)<br>파장(nm) — 1,310 / 1,550<br>손실(dB/km) — 0.5 이하 / 0.4 이하<br>1) 광배선구간이 짧을 경우에는 광섬유의 크래딩에 가하는 광 파워는 수신기에 과부하를 주지 아니하도록 설계<br>2) 공동주택(특등급)의 경우에는 전송데이터가 집중되는 구내 간선계는 단일모드 광섬유케이블(SMF)을 설계(권장) | | ○ 방송 공동수신설비의 설치기준에 관한 고시 제11조제3항, [별표 2] 제12호 |
| 커넥터 | | 1. 동축케이블의 커넥터 접속 상태가 양호하게 설치하도록 시방서에 기록<br>1) 안테나와 연결한 커넥터의 접속 상태<br>2) 증폭기와 연결한 커넥터의 접속 상태<br>3) 분배기 및 분기기에 연결한 커넥터의 접속 상태 | | ○ 방송 공동수신설비의 설치기준에 관한 고시 제12조, 제7조의2제3항 |

붙임3. 정보통신공사 착공 전 설계도 확인 점검 항목(예시)

| 항목 | | 검토내용 | | 검토결과 | 근거 |
|---|---|---|---|---|---|
| 구내배선 | | 4) 보호기에 연결한 커넥터의 접속 상태<br>5) 신호처리기에 연결한 커넥터의 접속 상태<br>6) 중계기용 무선기에 연결한 커넥터의 접속 상태<br>7) 직렬단자에 연결한 커넥터의 접속 상태 | | | |
| | | 1. 구내배선은 동축케이블 또는 광섬유케이블을 사용하고 성형배선 (1:1 단독 배선) 설계<br> 1) 동일 실내에서는 직렬단자를 활용하여 분배 또는 분기할 수 있도록 설계<br>2. 방송 공동수신 안테나 시설 및 종합유선방송 구내전송선로설비의 배선은 장치함까지 각각 단독으로 설계<br>3. 공동주택(세대 내에서 분기가 없는 기숙사 및 「주택법 시행령」 제10조제1항제1호의 규정에 따른 원룸형 주택의 모든 요건을 갖춘 주택은 제외한다)인 경우에는 세대단자함까지 따로 설계하고, 세대 내는 성형배선으로 설계<br>4. 동일 실내에서 방송공동수신 안테나 시설과 종합유선방송 구내전송선로설비의 이용이 동시에 가능하도록 세대단자함부터 직렬단자까지 각각 배선 설계<br>5. 구내배선 상호간 또는 그 밖의 사용설비와 접속할 때에는 접속기구(콘넥터)를 설계<br>6. 선로는 전력선간 상호 영향을 받지 않도록 설계 | | | o 방송 공동수신설비의 설치기준에 관한 고시 제7조의2 |

## 2. 종합유선방송설비공사

| 항목 | 도면번호 | 검토내용 | | 검토결과 | 근거 |
|---|---|---|---|---|---|
| 전송선로구간 | | 종합유선방송 구내전송선로설비는 도로와 택지 또는 건축물의 경계점으로부터 세대단자함까지로 설계 | | | o 방송 공동수신설비의 설치기준에 관한 고시 제23조 |
| 증폭기 | | 1. 증폭기의 기능을 시방서에 표기 확인<br> 1) 케이블의 특성에 의하여 자연적으로 감쇄된 상향신호 및 하향신호를 분리하여 증폭하는 기능<br> 2) 수동으로 증폭기능을 조정 기능<br> 3) 등화기 및 감쇄기로 입력레벨을 등화 또는 감쇄기능<br> 4) 전원을 수동으로 연결 또는 차단할 수 있는 기능 | | | o 방송 공동수신설비의 설치기준에 관한 고시 제25조 |
| 분배기 및 분기기 | | 1. 분배기와 분기기설치 방법을 시방서에 표기 확인<br> 1) 신호를 임피던스의 변화 없이 분배하거나 분기 기능<br> 2) 유휴 분배단자와 유휴 분기단자는 사용회선에 영향을 미치지 아니하도록 75Ω으로 종단 설계 | | | o 방송 공동수신설비의 설치기준에 관한 고시 제26조 |
| 인입접속점 | | 종합유선방송사업자 또는 전송망사업자가 설치한 전송선로설비를 구내전송선로설비와 연결하기 위한 접속점은 구내전송선로설비중 보호기의 인입커넥터로 설계 | | | o 방송 공동수신설비의 설치기준에 관한 고시 제28조 |
| 구내전송선로 설비의 질적 수준 | | 디지털종합유선방송신호의 신호를 전송하기 위한 구내전송선로설비의 질적 수준은 다음 표를 공사시방서에 표기 확인<br>- 종합유선방송 구내전송 선로설비의 질적수준(제30조 관련) | | | o 방송 공동수신설비의 설치기준에 관한 고시 제30조, [별표 6] |

| 주파수범위 | | 54~1,002MHz |
|---|---|---|
| 출력레벨<br>(75Ω 연결 시) | 아날로그채널 | 55~ 85dBμV |
| | 디지털채널 8VSB | 37~67dBμV |
| | QPSK | 29~59dBμV |
| | 64QAM | 35~65dBμV |
| | 256QAM | 42~72dBμV |

| | | 채널 간의 레벨차<br>(동일 변조 방식) | 인접사용 채널 간 | 5dB 이내 | |
|---|---|---|---|---|---|
| | | 신호대 잡음비(S/N비) | 아날로그채널 | 40dB 이상 | |
| | | | 디지털채널 8VSB | 22dB 이상 | |
| | | | 디지털채널 QPSK | 14dB 이상 | |
| | | | 디지털채널 64QAM | 20dB 이상 | |
| | | | 디지털채널 256QAM | 27dB 이상 | |
| | | 비고 : 기준 값은 댁내 직렬단자에서의 질적수준이고 측정항목 중 출력레벨은 채널전력을 말한다. | | | |

## [붙임 4] 정보통신공사 사용 전 검사 점검 항목(예시)

※ 검토결과 – 시공 보완: △, 시공 적합: O, 시공 부적합: X

### 1 구내통신선로설비공사의 사용 전 검사

#### 1. 방송통신기자재 시공자재 반영 여부 확인

| 항목 | 도면번호 | 검사내용 | 검사결과 | 근거 |
|---|---|---|---|---|
| 방송통신 기자재 규격품 | | 1. 공사시방서에 방송통신기자재는 전파법의 적합인증 제품(KC)과 정부인증규격품 (KS)사용 시공<br> 1) 모듈러 잭/플러그, 배선반(110블럭) 등 | | o 전파법제58조의2 |

#### 2. 분계점 도면 검토

| 항목 | 도면번호 | 검사내용 | 검사결과 | 근거 |
|---|---|---|---|---|
| 분계점 | | 1. 사업용방송통신설비와 이용자방송통신설비의 분계점은 도로와 택지 또는 공동주택단지의 각 단지와의 경계점기준 시공<br>2. 국선과 구내선의 분계점을 사업용방송통신설비의 국선접속설비와 이용자방송통신설비가 최초로 접속되는 점(국선단자함) 시공 | | o 방송통신설비의 기술기준에 관한 규정 제4조 |
| 분계점 접속 기준 | | 분계점에서의 접속방식은 간단하게 분리·시험할 수 있도록 국선단자함 시공 | | o 방송통신설비의 기술기준에 관한 규정 제5조 |

#### 3. 옥외회선 도면검토

| 항목 | 도면번호 | 검사내용 | 검사결과 | 근거 |
|---|---|---|---|---|
| 옥외회선 지하인입 | | 구내통신선로설비의 옥외회선은 지하로 인입(引入)시공 | | o 방송통신설비의 기술기준 규정 제18조 |

#### 4. 맨홀 설치 장소

| 항목 | 도면번호 | 검사내용 | 검사결과 | 근거 |
|---|---|---|---|---|
| 맨홀 장소 | | 1. 맨홀 또는 핸드홀은 케이블의 설치 및 유지·보수 등의 작업 시 필요한 공간을 확보할 수 있는 구조 시공<br>2. 맨홀 또는 핸드홀은 케이블의 설치 및 유지·보수 등을 위한 차량출입과 작업이 용이한 위치에 시공<br>3. 맨홀 또는 핸드홀에는 주변 실수요자용 통신케이블을 분기할 수 있는 인입 관로를 설치 시공 | | o 접지설비·구내통신설비·선로설비 및 통신공동구등에 대한 기술기준 제48조 |

#### 5. 지하관로 매설

| 항목 | 도면번호 | 검사내용 | 검사결과 | 근거 |
|---|---|---|---|---|
| 지하관로매설 | | 1. 지면에서 관로상단까지의 거리는 기준에 맞게 시공<br> 1) 「도로법 시행령」 [별표 2] 제1호 마목 : 0.8m 이상<br> 2) 철도, 고속도로 횡당구간 등 특수한 구간 : 1.5m 이상<br>2. 시방서에 관로 상단부와 지면사이에는 관로보호용 경고테이프를 관로 매설경로에 따라 매설 시공<br>3. 관로는 가스등 다른 매설물과 50㎝ 이상 떨어져 매설 시공 상태<br>4. 맨홀 또는 핸드홀간에 매설하는 관로는 케이블 견인에 지장을 주지 아니하는 곡률을 유지하고 직선성을 유지하도록 시공 | | o 접지설비·구내통신설비·선로설비 및 통신공동구등에 대한 기술기준 제47조 |

## 6. 보호기 및 접지

| 항목 | 도면번호 | 검사내용 | 검사결과 | 근거 |
|---|---|---|---|---|
| 보호기 및 접지 | | 보호기, 금속으로 된 주배선반, 단자함(구내통신단자함, 옥외분배함 등)장치함 및 지지물 접지단자를 설치하여 접지하도록 시공 | | o 방송통신설비의 기술기준에 관한 규정 제7조 |

## 7. 맨홀설치

| 항목 | 도면번호 | 검사내용 | 검사결과 | 근거 |
|---|---|---|---|---|
| 맨홀설치 | | 1. 국선인입을 위한 관로, 맨홀, 핸드홀 및 전주 등 구내통신선로설비는 사업자의 맨홀, 핸드홀 또는 인입주로부터 건축물의 최초 접속점까지의 인입거리가 가능한 최단거리 설치 시공<br>2. 국선을 지하로 인입하는 경우에는 배관, 맨홀 및 핸드홀 등을 [별표 2] 제1호 표준도에 준하여 시공<br>3. 구내의 맨홀 또는 핸드홀을 설치하지 아니하는 경우에는 [별표 2] 제2호 표준도에 준하여 설치하도록 시공<br>– 인입선로 길이가 246m 미만이고 인입선로 상 분기되지 않는 경우<br>– 5회선 미만의 국선을 인입하는 경우<br>4. 건축주가 5회선 미만의 국선을 지하로 인입시키기 위해 사업자가 이용하는 인입맨홀·핸드홀 또는 인입주까지 지하배관을 설치하는 경우에는 [별표 2의1] 표준도에 준하여 시공<br>5. 종합유선방송설비의 인입을 위한 배관의 공수는 1공 이상으로 하며, 인입관로상 맨홀 및 핸드홀 등은 구내통신선로설비의 맨홀 및 핸드홀 등과 공용으로 사용할 수 있도록 시공 | | o 접지설비·구내통신설비·선로설비 및 통신공동구등에 대한 기술기준 제26조 |

## 8. 접지설비

| 항목 | 도면번호 | 검사내용 | 검사결과 | 근거 |
|---|---|---|---|---|
| 접지저항 | | 1. 통신관련 접지저항은 10Ω 이하를 기준으로 시공<br>1. 다음의 경우는 100Ω 이하로 시공<br>  1) 선로설비 중 선조·케이블에 대하여 일정 간격으로 시설하는 접지(단, 차폐케이블은 제외)<br>  2) 국선 수용 회선이 100회선 이하인 주배선반<br>  3) 보호기를 설치하지 않는 구내통신단자함 | | o 접지설비·구내통신설비·선로설비 및 통신공동구등에 대한 기술기준 제5조 |
| 접지선 | | 접지선은 PVC 피복 동선 또는 그 이상의 절연효과를 갖는 절연전선을 사용하고 접지극은 부식이나 토양오염 방지를 고려한 도전성 재료를 시공<br>1) 10Ω 이하인 경우 직경 2.6mm 이상<br>2) 100Ω 이하인 경우 직경 1.6mm 이상 | | |
| 접지체 | | 접지체는 가스, 산 등에 의한 부식의 우려가 없는 곳에 매설하여야 하며, 접지체 상단이 지표로부터 수직 깊이 75cm 이상 되도록 매설하되 동결심도보다 깊도록 하여 시공 | | |

## 9. 옥내통신선 이격거리

| 항목 | 도면번호 | 검사내용 | 검사결과 | 근거 |
|---|---|---|---|---|
| 옥내통신선 이격거리 | | 1. 옥내통신선은 이격거리를 기준으로 시공<br>  1) 300V 초과 전선과의 이격거리는 15cm 이상<br>  2) 300V 이하 전선과의 이격거리는 6cm 이상(애자사용 전기공사 시 전선과 이격거리는 10cm 이상)<br>  3) 도시가스배관과는 혼촉 되지 않도록 시공 | | o 접지설비·구내통신설비·선로설비 및 통신공동구등에 대한 기술기준 제23조 |

## 10. 업무용 건축물의 통신실 면적 확보

| 항목 | 도면번호 | 검사내용 | 검사결과 | 근거 |
|---|---|---|---|---|
| 업무용 건축물 통신실 확보 | | 1. 6층 이상이고 연면적 5,000㎡ 이상인 업무용 건축물의 집중구내통신실과 층구내통신실을 시공<br>  1) 집중구내통신실: 10.2㎡ 이상으로 1개소 이상 확보 시공<br>  2) 층 구내통신실을 확보하여 시공<br>    (1) 각 층별 전용면적이 1,000㎡ 이상인 경우에는 각 층별로 10.2㎡ 이상으로 1개소 이상<br>    (2) 각 층별 전용면적이 800㎡ 이상인 경우에는 각 층별로 8.4㎡ 이상으로 1개소 이상<br>    (3) 각 층별 전용면적이 500㎡ 이상인 경우에는 각 층별로 6.6㎡ 이상으로 1개소 이상<br>    (4) 각 층별 전용면적이 500㎡ 미만인 경우에는 각 층별로 5.4㎡ 이상으로 1개소 이상<br><br>2. 6층 이상이고 연면적 5,000㎡ 이상인 업무용 건축물 외의 업무용 건축물은 집중구내통신실을 확보하여 시공<br>  1) 건축물의 연면적이 500㎡ 이상인 경우 10.2㎡ 이상으로 1개소 이상 확보<br>  2) 500㎡ 미만인 경우는 5.4㎡ 이상으로 1개소 이상<br>  3) 같은 층에 집중구내통신실과 층구내통신실을 확보하여야 하는 경우에는 집중구내통신실 확보<br>  4) 층별 전용면적이 500㎡ 미만인 경우로서 각 층별로 통신실을 확보하기가 곤란한 경우에는 하나의 층구내통신실에 2개층 이상의 통신설비를 통합하여 수용할 수 있다. 이 경우 층구내통신실 확보면적은 통합 수용된 각 층의 전용면적을 합하여 층구내통신실의 확보 면적란의 기준을 적용<br>  5) 같은 층에 층구내통신실을 2개소 이상으로 분리 설치하려는 경우 층구내통신실의 면적은 최소 5.4㎡ 이상<br><br>3. 집중구내통신실은 지상에 설계하고 조명시설과 통신장비전용의 전원설비를 갖추어야 하며 출입구에 잠금장치를 시공 | | o 방송통신설비의 기술기준에 관한 규정 제19조, [별표 2] |

## 11. 공동주택 통신실의 면적 확보

| 항목 | 도면번호 | 검사내용 | 검사결과 | 근거 |
|---|---|---|---|---|
| 공동주택의 통신실 확보 | | 1. 공동주택의 구내통신실 면적 확보 기준에 맞게 확보 시공<br>  1) 50세대 이상 500세대 이하 단지 : 10㎡ 이상으로 1개소<br>  2) 500세대 초과 1,000세대 이하 단지 : 15㎡ 이상으로 1개소<br>  3) 1,000세대 초과 1,500세대 이하 단지 : 20㎡ 이상으로 1개소<br>  4) 1,500세대 초과 단지 : 25㎡ 이상으로 1개소<br>2. 집중구내통신실은 외부환경에 영향이 적은 지상에 확보<br>3. 집중구내통신실에는 조명시설과 통신장비전용의 전원설비 구비여부<br>4. 집중구내통신실의 출입구에는 잠금장치 시공 | | o 방송통신설비의 기술기준에 관한 규정 제19조, [별표 3] |

## 12. 홈 네트워크배관 공수

| 항목 | 도면번호 | 검사내용 | 검사결과 | 근거 |
|---|---|---|---|---|
| 홈네트워크 배관 공수 | | 1. 구내의 옥내와 옥외에 한국산업표준 규격의 배관, 덕트 또는 트레이를 시공<br> 1) 주택에 홈네트워크설비를 설치하는 경우 세대단자함과 홈네트워크 주장치간에는 홈네트워크용 배관을 1공 이상 시공(제5항제2호의 규정보다 통신용 배관에 여유가 있는 경우 공용 가능) | o | 접지설비·구내통신설비·선로설비 및 통신공동구등에 대한 기술기준 제28조 |

## 13. 인입배관

| 항목 | 도면번호 | 검사내용 | 검사결과 | 근거 |
|---|---|---|---|---|
| 인입배관 | | 1. 배관의 내경은 선로외경의 2배 이상이 되도록 시공<br> 1) 주거용 건축물 중 공동주택의 인입배관의 내경은 다음의 기준에 적합하게 시공<br>  가. 20세대 이상의 공동주택 : 최소 54mm 이상<br>  나. 20세대 미만의 공동주택 : 최소 36mm 이상<br> 2) 주거용 및 기타건축물의 경우<br>  - 1공 이상의 예비공을 포함하여 2공 이상.<br> 3) 업무용건축물의 경우<br>  - 2공 이상의 예비공을 포함하여 3공 이상 | o | 접지설비·구내통신설비·선로설비 및 통신공동구등에 대한 기술기준 제27조 |

## 14. 옥내배관

| 항목 | 도면번호 | 검사내용 | 검사결과 | 근거 |
|---|---|---|---|---|
| 배관의 요건 | | 1. 배관은 기계적 강도를 가진 내부식성 금속관 또는 한국산업표준 KS C 8454 (지하에 매설되는 배관의 경우에는 KS C 8455) 규격 이상의 합성수지제 전선관 시공<br>2. 배관의 내경은 배관에 수용되는 케이블단면적의 총합계가 배관 단면적의 32% 이하로 시공<br>3. 배관의 굴곡은 가능한 완만하게 처리하여야 하되, 곡률반경은 배관내경의 6배 이상으로 시공<br>4. 배관의 1구간에 있어서 굴곡개소는 3개소 이내이어야 하며, 1개소의 굴곡 각도는 90° 이내로 하며 3개소의 합계는 180° 이내로 시공 | o | 접지설비·구내통신설비·선로설비 및 통신공동구등에 대한 기술기준 제28조 |
| 수평배선계 | | 성형구조 또는 성형배선이 가능한 구조로 시공 | | |

## 15. 덕트의 설치

| 항목 | 도면번호 | 검사내용 | 검사결과 | 근거 |
|---|---|---|---|---|
| 덕트 요건 | | 1. 덕트는 선로를 용이하게 수용할 수 있는 구조와 유지·보수를 위한 충분한 공간이 있도록 시공<br>2. 수직으로 설치된 덕트의 주변에는 선로의 포설, 유지 및 보수의 작업을 용이하게 할 수 있는 디딤대 등을 시공<br>3. 덕트의 내부에는 선로의 포설에 필요한 선로 받침대를 60cm 내지 150cm의 간격으로 시공(선로용 배관 별도 설치 시 예외 가능)<br>4. 바닥 덕트 외의 덕트는 내부에 유지·보수 작업용 조명 또는 전기콘센트 설치 시공 | o | 접지설비·구내통신설비·선로설비 및 통신공동구등에 대한 기술기준 제28조 |
| 덕트 설치 | | 1. 덕트는 유지·보수를 위한 충분한 공간이 있도록 시공<br>2. 수직으로 설치된 덕트의 주변에는 선로의 포설, 유지 및 | | |

붙임4. 정보통신공사 사용 전 검사 점검 항목(예시)

| 항목 | 도면번호 | 검사내용 | 검사결과 | 근거 |
|---|---|---|---|---|
| | | 보수의 작업을 용이하게 디딤대 설치 시공<br>3. 덕트의 내부에 선로 받침대 60cm 내지 150cm의 간격으로 시공<br>4. 바닥 덕트 외의 덕트는 내부에 유지·보수 작업용 조명 또는 전기콘센트 시공 | | |
| 업무용 건축물<br>바닥덕트와<br>배관 | | 1. 구내선이 7.5m를 넘는 실내는 바닥덕트 또는 배관 시공<br>　1) 바닥덕트 또는 배관은 실내의 용도와 규모를 고려하여 성형 또는 망형으로 시공<br>　2) 바닥덕트 또는 배관의 매구간 교차점 또는 완곡부에 각 1개씩의 실내접속함을 시공<br>　　- 실내접속함의 간격은 7.5m 이내, 직선관로로서 선로작업에 지장이 없는 경우에는 간격을 12.5m 이내<br>2. 접속함 및 인출구는 상면에 돌출되거나 침수되지 않도록 시공 | | |

## 16. 국선단자함

| 항목 | 도면번호 | 검사내용 | 검사결과 | 근거 |
|---|---|---|---|---|
| 국선단자함<br>설치 | | 1. 국선은 구내선과의 분계점에 설치된 주단자함 또는 주배선반에 수용하도록 시공<br>2. 국선은 주배선반에 수용하도록 시공<br>　1) 광섬유케이블 또는 300회선 미만의 동케이블을 수용하는 경우 : 주단자함 또는 주배선반<br>　2) 300회선 이상의 동케이블을 수용하는 경우 : 주 배선반<br>3. 국선단자함에 구내케이블을 수용하기 위한 단자 시공<br>4. 공사시방서에 국선단자함에서 보호기를 통하여 국선과 구내케이블간의 회선접속 시공 | o | 접지설비·구내통신설비·<br>선로설비 및 통신공동<br>구등에 대한 기술기준<br>제29조, [별표 4] |
| 국선단자함<br>요건 | | 1. 국선단자함의 공통사항<br>　1) 국선단자함은 국선수용 단자, 단자반 및 보호기를 설치할 수 있는 충분한 공간 및 구조를 갖추어야 하며 관로의 분계점과 가장 가까운 곳에 설치 시공<br>　2) 국선단자함은 실내에 설치하고 선로를 수용할 단자함의 하부는 바닥으로부터 30cm 이상 되도록 시공<br>　3) 설치를 하지 않아야 하는 장소<br>　　가. 세면실, 화장실, 보일러실, 발전기계실<br>　　나. 분진·유해가스 및 부식증기를 접하는 장소<br>　　다. 소화 호수시설을 갖춘 벽장 내<br>　4) 절연저항 : 50MΩ 이상<br>　5) 단자 또는 접속어댑터 : 배선 케이블 등급과 동등 이상의 성능<br>　6) 회선표시물 : 각인 또는 표시판, 개폐장치: 잠금장치 구비된 문<br>　7) 보호장치 : 휴지 기능, 피뢰 기능 및 접지 기능<br>　8) 전원단자 : AC 전원단자<br>　9) 국선단자함과 장치함을 별도로 설치하는 경우 국선단자함과 장치함 구간에 28mm 이상 배관 1개 이상을 설치<br>2. 400×500×80mm형 국선단자함<br>　- 크기 : 0.2㎡ 이상, 한 변의 길이 400mm 이상(깊이 80mm 이상)<br>3. 700×800×130mm형 국선단자함(종합유선방송 수신설비 수용 시)<br>　- 크기 : 0.56㎡ 이상, 한 변의 길이 700mm 이상(깊이 130mm 이상)<br>　- 단자함 내부 절연보조장치 및 통풍구, 용도별 설비수용을 위한 격벽 설치 | | |

## 17. 구내간선계와 건물간선계

| 항목 | 도면번호 | 검사내용 | 검사결과 | 근거 |
|---|---|---|---|---|
| 구내간선계와 건물간선계 | | 1. 동등 이상 내경을 가진 예비공 1공 이상을 포함하여 2공 이상 시공<br>2. 트레이 및 덕트 등을 설치할 경우에는 증설을 고려하여 여유 공간을 확보하여 시공 | o | 접지설비·구내통신설비·선로설비 및 통신공동구등에 대한 기술기준 제28조 |

## 18. 중간단자함 및 세대단자함

| 항목 | 도면번호 | 검사내용 | 검사결과 | 근거 |
|---|---|---|---|---|
| 중간단자함 및 세대단자함 설치 | | 1. 중간단자함 설치위치는 적정하게 시공<br>  1) 제28조제5항제4호의 규정에 부적합한 배관의 굴곡점<br>  2) 선로의 분기 및 접속을 위하여 필요한 곳<br>2. 세대단자함 설치위치는 적정하게 시공<br>  1) 공동주택에는 세대별로 세대단자함 시공<br>    – 세대 내에서 분기가 없는 기숙사 및 주택법시행령 제10조제1항제1호에서 규정하는 원룸형 주택의 모든 요건을 갖춘 주택은 제외한다. | o | 접지설비·구내통신설비·선로설비 및 통신공동구등에 대한 기술기준 제30조 |

## 19. 주거용 건축물의 구내 배선

| 항목 | 도면번호 | 검사내용 | 검사결과 | 근거 |
|---|---|---|---|---|
| 주거용 건축물 구내 배선 | | 1. 주거용 건축물에 설치하는 구내배선은 적합하게 시공<br>  1) 한 개의 공동주택인 경우에는 [별표 11]의 제1호 표준도에 준하여 시공<br>  2) 두 개 이상의 공동주택이 하나의 단지를 형성할 때는 [별표 11]의 제2호 표준도에 준하여 시공<br>  3) 국선단자함이 설치된 공동주택에서 각 공동주택별로 구내간선케이블을 설치하여 동단자함에 배선하여 시공<br>  4) 세대단자함에서 각 인출구까지는 성형배선 방식으로 시공<br>  5) 국선단자함에서 세대 내 인출구까지 꼬임케이블을 배선할 경우에 구내배선설비의 링크 성능은 100MHz 이상의 전송특성이 유지되도록 시공<br>  6) 동단자함이 설치 된 경우에는 링크성능 측정 구간은 동단자함에서 세대 내 인출구까지로 시공<br>  7) 홈네트워크설비를 설치하는 경우에는 홈네트워크 주장치와 홈네트워크 기기간에 꼬임케이블, 신호전송용케이블 등을 사용하여 통신소통에 지장이 없도록 시공<br>  8) 제30조제1항 각 호에 해당하지 아니하여 국선단자함 또는 동단자함에서 세대단자함 또는 인출구까지 직접 배선하는 경우 수평배선계의 케이블 설치방식으로 시공 | o | 접지설비·구내통신설비·선로설비 및 통신공동구등에 대한 기술기준 제33조 |

## 20. 업무용과 기타 건축물의 구내 배선

| 항목 | 도면번호 | 검사내용 | 검사결과 | 근거 |
|---|---|---|---|---|
| 업무용 건축물과 기타건축물 구내 배선 | | 1. 업무용과 기타건축물에 설치하는 구내배선은 기준에 적합하게 시공<br>  1) 한 개의 건축물인 경우에는 [별표 12]의 제1호 표준도에 준하여 시공<br>  2) 하나의 부지에 두 개 이상의 건축물이 있는 경우에는 [별표 12]의 제2호 표준도에 준하여 시공 | o | 접지설비·구내통신설비·선로설비 및 통신공동구등에 대한 기술기준 제33조 |

| | | 3) 국선단자함이 설치된 건축물에서 각 건축물별로 구내간선케이블을 설치하여 동단자함에 배선하여 시공<br>4) 층단자함에서 각 인출구까지는 성형배선으로 시공<br>5) 국선단자함에서 인출구까지 꼬임케이블의 링크성능은 100MHz 이상의 전송특성이 유지되도록 시공<br>6) 동단자함이 설치된 경우 링크성능 구간은 동단자함에서 인출구까지 시공<br>7) 국선단자함 또는 동단자함에서 인출구까지 직접 배선하는 경우는 수평배선계의 케이블 설치방식으로 시공<br>8) 제30조제1항 각 호에 해당하지 아니하여 국선단자함 또는 동단자함에서 세대단자함 또는 인출구까지 직접 배선하는 경우 수평배선계의 케이블 설치방식으로 시공 | | |
|---|---|---|---|---|

## 21. 회선 종단장치

| 항목 | 도면번호 | 검사내용 | 검사결과 | 근거 |
|---|---|---|---|---|
| 회선종단장치 | | 1. 주거용 건축물의 통신용 인출구는 모듈러잭이나 동축커넥터 또는 광인출구 등으로 종단하도록 시공<br>2. 업무용 및 기타건축물의 통신용 인출구는 각 실별 단위로 모듈러잭이나 동축커넥터 또는 광인출구의 통신용 인출구 또는 통신용 단자함으로 종단하도록 시공<br>3. 인출구는 통신용선로, 방송공동수신설비, 홈네트워크설비 등을 하나의 인출구로 종단할 경우에는 선로상호간 누화로 인한 통신소통에 지장이 없도록 시공 | o | 접지설비·구내통신설비·선로설비 및 통신공동구등에 대한 기술기준 제31조 |

## 22. 구내통신선의 배선

| 항목 | 도면번호 | 검사내용 | 검사결과 | 근거 |
|---|---|---|---|---|
| 구내통신선의 배선 | | 1. 건물간선케이블 및 수평배선케이블은 100MHz 이상의 전송대역을 갖는 꼬임케이블, 광섬유케이블 시공<br>2. 옥외의 구내간선케이블은 옥외용 꼬임케이블, 옥외용 광섬유케이블 시공<br>3. 공동구, 지하주차장 등 외부 환경에 영향이 적은 지하에 설치되는 경우에는 옥내용 케이블 시공 가능 | o | 접지설비·구내통신설비·선로설비 및 통신공동구등에 대한 기술기준 제32조 |

## 23. 광케이블과 꼬임케이블

| 항목 | 도면번호 | 검사내용 | | | 검사결과 | 근거 |
|---|---|---|---|---|---|---|
| 광케이블 링크 성능 기준 | | 1. 광케이블은 구내통신선로의 링크성능 기준 [별표 6] 적합하게 시공<br>2. 공사시방서에 케이블은 다음의 성능 이상급 시공<br>　가. 공동주택 및 업무용 건축물 | | | o | 접지설비·구내통신설비·선로설비 및 통신공동구등에 대한 기술기준 제33조 |
| | | 종류 | 파장 (nm) | 채널손실 | | |
| | | 단일모드 | 1,310 | 7dB 이하 | | |
| | | | 1,550 | 7dB 이하 | | |
| | | 다중모드 | 850 | 13dB 이하 | | |
| | | | 1,300 | 9dB 이하 | | |
| | | 주)링크성능은 집중구내통신실에서 광섬유케이블의 종단(세대단자함 또는 인출구)까지의 기준<br>　나. 공동주택 외 주거용 건축물 및 기타건축물 | | | | |

| 항목 | | | | | |
|---|---|---|---|---|---|
| | | 종류 | 파장 (nm) | 채널손실 | |
| | | 단일모드 | 1,310 | 3.45dB 이하 | |
| | | | 1,550 | 3.45dB 이하 | |
| | | 주) 링크성능은 국선단자함에서 광섬유케이블의 종단(세대단자함 또는 인출구)까지의 기준임 | | | |
| 꼬임케이블 성능 기준 | | 꼬임케이블은 100MHz 이상의 전송특성을 갖도록 시공 | | | |
| | | 측정항목 | 측정주파수 (MHz) | 기준값 | |
| | | | | 100MHz | 250MHz |
| | | 반사손실 (dB) | 1 | 17.0 이상 | 19.0 이상 |
| | | | 16.0 | 17.0 이상 | 18.0 이상 |
| | | | 100.0 | 10.0 이상 | 12.0 이상 |
| | | | 250.0 | – | 8.0 이상 |
| | | 감쇠 (dB) | 1.0 | 2.2 이하 | 3.0 이하 |
| | | | 16.0 | 9.1 이하 | 8.0 이하 |
| | | | 100.0 | 24.0 이하 | 21.3 이하 |
| | | | 250.0 | – | 35.9 이하 |
| | | 근단 누화손실 (dB) | 1.0 | 60.0 이상 | 65.0 이상 |
| | | | 16.0 | 43.6 이상 | 53.2 이상 |
| | | | 100.0 | 30.1 이상 | 39.9 이상 |
| | | | 250.0 | – | 33.1 이상 |
| | | 근단 누화 전력합 손실 (dB) | 1.0 | 57.0 이상 | 62.0 이상 |
| | | | 16.0 | 40.6 이상 | 50.6 이상 |
| | | | 100.0 | 27.1 이상 | 37.1 이상 |
| | | | 250.0 | – | 30.2 이상 |
| | | 원단감쇠대누화비 (dB) | 1.0 | 57.4 이상 | 63.3 이상 |
| | | | 16.0 | 33.3 이상 | 39.2 이상 |
| | | | 100.0 | 17.4 이상 | 23.3 이상 |
| | | | 250.0 | – | 15.3 이상 |
| | | 원단감쇠대 누화비전력합 (dB) | 1.0 | 54.4 이상 | 60.3 이상 |
| | | | 16.0 | 30.3 이상 | 36.2 이상 |
| | | | 100.0 | 14.4 이상 | 20.3 이상 |
| | | | 250.0 | – | 12.3 이상 |
| | | 전달지연(ns) | 10.0 | 555 이하 | 555 이하 |
| | | 전달지연변이(ns) | 10.0 | 50 이하 | 50 이하 |

## 24. 선로성능 유지

| 항목 | 도면번호 | 검사내용 | 검사결과 | 근거 |
|---|---|---|---|---|
| 선로 성능 유지 | | 1. 통신용선로, 방송공동수신설비, 홈네트워크설비 등을 동일 배관에 함께 수용할 경우에는 선로상호간 누화로 인하여 통신소통에 지장이 없도록 시공<br>2. 구내배선에 사용하는 접속자재는 배선케이블 등급과 동등 이상의 제품을 시공 | o | 접지설비·구내통신설비·선로설비 및 통신공동구등에 대한 기술기준 제33조 |

붙임4. 정보통신공사 사용 전 검사 점검 항목(예시)

## 25. 회선 수 확보

| 항목 | 도면번호 | 검사내용 | 검사결과 | 근거 |
|---|---|---|---|---|
| 공통 | | 1.구내통신선로설비에는 충분한 회선을 확보하여 시공<br>  1) 구내로 인입되는 국선의 수용 회선 수<br>  2) 구내회선의 구성 회선 수<br>  3) 단말장치 등의 증설을 반영한 회선수 | | o 방송통신설비의 기술기준에 관한 규정 제20조, [별표 4] |
| 주거용 건축물 회선 수 | | 1. 주거용 건축물 회선 수 확보하여 시공<br>  1) 국선단자함에서 세대단자함 또는 인출구까지 단위세대당 1회선(4쌍 꼬임케이블 기준) 이상 또는 광섬유케이블 2코아 이상<br>  2) 광대중화 기능을 갖는 국선단자함과 동단자함이 있는 경우에는 국선단자함에서 동단자함까지 광섬유케이블 8코아 이상, 동단자함에서 세대단자함이나 인출구까지 단위세대당 1회선(4쌍 꼬임케이블 기준) 이상 또는 광섬유케이블 2코아 이상 | | |
| 업무용 건축물 회선 수 | | 1. 업무용 건축물 회선 수 확보하여 시공<br>  1) 국선단자함에서 세대단자함 또는 인출구까지 업무구역(10㎡) 당 1회선(4쌍 꼬임케이블 기준) 이상 또는 광섬유케이블 2코아 이상<br>  2) 광대중화 기능을 갖는 국선단자함과 동단자함이 있는 경우에는 국선단자함에서 동단자함까지 광섬유케이블 8코아 이상, 동자함에서 세대단자함이나 인출구까지 업무구역(10㎡) 당 1회선(4쌍 꼬임케이블 기준) 이상 또는 광섬유케이블 2코아 이상 | | |
| 주거용과 업무용 외의 건축물 | | 1. 주거용과 업무용 외의 건축물 회선 수<br>  1) 건축물의 용도를 고려하여 주거용과 업무용 회선 수 확보 기준을 신축적으로 적용하여 시공 | | |

## 2 이동통신구내선로설비공사의 사용 전 검사

### 1. 급전선의 인입 배관

| 항목 | 도면번호 | 검사내용 | 검사결과 | 근거 |
|---|---|---|---|---|
| 급전선의 인입 배관 | | 1. 급전선 또는 광케이블을 인입하기 위한 배관 등은 [별표 7]의 제1호부터 제3호의 표준도에 준하여 시공<br> 1) 옥외 안테나(옥상 또는 지상에 설치하는 안테나를 말하며 이하 같다.)에서 기지국의 송수신장치 또는 중계장치 (이하 "중계장치 등"이라 한다)까지 급전선 또는 광케이블을 설치하기 위한 시설은 배관, 덕트 또는 트레이로 시공<br> 2) 옥외 안테나에서 중계장치 등까지 설계하는 배관은 건물 내 통신배관실을 이용하여 설치하는 경우 외 다음 각 목에 적합하게 시공<br>   - 급전선을 수용하는 배관의 내경은 36㎜ 이상 또는 급전선 외경(다조인 경우에는 그 전체의 외경)의 2배 이상이 되어야 하며, 3공 이상 시공<br>   - 광케이블을 수용하는 배관의 내경은 22㎜ 이상이어야 하며, 예비공 1공 이상을 포함하여 2공 이상 시공<br> 3) 배관 및 덕트는 제28조제4항제1호, 제5항 및 제6항의 규정을 준용하여 시공<br>   - 구내통신선로설비의 배관이 제28조제5항제2호의 요건을 만족하고 상호 소통에 지장이 없는 경우에는 공동으로 사용할 수 있도록 시공<br> 4) 도시철도시설에서 배관의 설치 구간은 관로의 분계점에 가까운 맨홀에서 중계상지까지 시공 | | ○ 접지설비·구내통신설비·선로설비 및 통신공동구등에 대한 기술기준 제35조 |

### 2. 접속함

| 항목 | 도면번호 | 검사내용 | 검사결과 | 근거 |
|---|---|---|---|---|
| 접속함 | | 1. 설치 위치 : 급전선 또는 광케이블의 포설 및 철거가 용이하도록 접속함을 설치하여 시공<br> 1) 배관의 길이가 40m를 초과할 경우<br> 2) 제28조제5항제4호의 규정에 부적합한 배관의 굴곡점 | | ○ 접지설비·구내통신설비·선로설비 및 통신공동구등에 대한 기술기준 제36조 |
| | | 2. 성능은 기술기준에 적합하게 시공<br> - 절연저항 : 50㏁ 이상<br> - 두께 : 1.5㎜ 이상의 연강판 또는 동등 이상<br> - 문 : 여닫이식 | | ○ 접지설비·구내통신설비·선로설비 및 통신공동구등에 대한 기술기준 제36조, [별표 7] |

### 3. 접지시설

| 항목 | 도면번호 | 검사내용 | 검사결과 | 근거 |
|---|---|---|---|---|
| 접지시설 | | 접지시설은 제5조의 규정 및 [별표 7]의 제1호부터 제3호의 표준도에 준하여 시공<br> - 접지단자는 중계장치 등이 설치되는 각 층에 중계장치 등으로부터 최단거리에 시공<br> 기간통신사업자는 접지단자로부터 중계장치 등까지 접지선을 시공 | | ○ 접지설비·구내통신설비·선로설비 및 통신공동구등에 대한 기술기준 제37조 |

## 4. 상용전원

| 항목 | 도면번호 | 검사내용 | 검사결과 | 근거 |
|---|---|---|---|---|
| 상용전원 | | 중계장치 등의 전원은 용량이 4㎾ 이상으로서 교류 220V 전원단자가 3개 이상이어야 하며, [별표 7]의 제1호부터 제3호의 표준도에 준하여 시공<br>- 전원단자는 중계장치 등이 설치되는 각 층에 중계장치 등으로부터 최단거리에 시공<br>기간통신사업자는 전원단자로부터 중계장치 등까지 전원선을 시공 | | o 접지설비·구내통신설비·선로설비 및 통신공동구등에 대한 기술기준 제38조 |

## 5. 배관시설

| 항목 | 도면번호 | 검사내용 | 검사결과 | 근거 |
|---|---|---|---|---|
| 배관시설 구조 | | 이동통신구내선로설비를 구성하는 배관시설은 설치된 후 배선의 교체 및 증설시공이 쉽게 이루어질 수 있는 구조로 시공 | | o 방송통신설비의 기술기준에 관한 규정 제18조 |

## 6. 중계기설치를 위한 장소확보 공통사항

| 항목 | 도면번호 | 검사내용 | 검사결과 | 근거 |
|---|---|---|---|---|
| 장소확보 | | 1. 규정 제17조의2 및 제17조의3에 따른 대상 시설에는 송수신용 안테나, 중계장치 등의 설치 또는 운영을 위하여 기준에 적합한 장소를 확보하여 시공<br>1) 옥외 안테나의 설치를 위하여 전파의 송수신이 가장 양호한 곳으로서 각각 4㎡ 이상의 면적을 갖는 1개소 이상의 설치장소. 다만, 분계점에 가까운 맨홀에서 중계장치 등까지 광케이블을 통해 신호를 전달하는 경우에는 해당 없음.<br>2) 중계장치 등의 설치를 위하여 분진이나 유해가스로부터 격리된 각각 2㎡ 이상의 면적(높이 2m 이상)을 갖는 1개소 이상의 설치장소<br>3) 설치장소는 옥외안테나 또는 중계장치 등의 설치 및 유지·보수를 위한 작업 등에 지장이 없도록 시공 | | o 접지설비·구내통신설비·선로설비 및 통신공동구등에 대한 기술기준 제39조 |

## 7. 공동주택 및 공동주택 외 건축물 중계기 설치 장소

| 항목 | 도면번호 | 검사내용 | | 검사결과 | 근거 |
|---|---|---|---|---|---|
| 공동주택<br>(연면적 합계<br>1,000㎡<br>이상) | | 1. 중계기 설치 장소를 적합하게 선정하여 시공 | | | o 접지설비·구내통신설비·선로설비 및 통신공동구등에 대한 기술기준 [별표 7] 제2호 |
| | | 설 치 대 상 | 설 치 장 소 | | |
| | | 가. 규정 제24조의2제1항에 따라 협의하여 지상층에 이동통신구내중계설비를 설치하기로 한 주택 및 시설 | 각 지하층 및 과학기술정보통신부장관이 정하여 고시하는 기준에 적합한 지상층 | | |
| | | 나. 가목에 해당하지 않는 지하층이 있는 주택 및 시설 | 각 지하층 | | |
| | | 1) 기지국의 송수신장치 또는 중계장치를 옥상에 설치하는 경우에는 단지 내 1개소 이상의 장소를 확보하여야 하며, 지하층에 설치하는 경우에는 지하층 바닥면적의 합계 5,000㎡ 당 1개소 이상의 장소를 확보하여 시공<br>2) 옥상의 기지국 송수신장치 또는 중계장치를 별도의 실 안 | | | |

| 항목 | 검사내용 | 근거 |
|---|---|---|
| | 에 설치하고자 하는 경우에는 실내 적정 온도 유지를 위해 환기구 시공<br>3) 옥상에 옥외안테나 등을 설치하는 경우에는 접지시설 및 전원시설 등이 옥상까지 확보되어야 하며, 옥상을 관통할 때에는 방수 처리를 포함한 시공<br>4) 500세대 미만의 공동주택의 경우에는 지상층을 제외한 지하층에만 구내용 이동통신설비 시공 | |
| | 옥외 안테나를 옥상에 설치하는 경우 기간통신사업자는 옥외안테나에서 기지국의 송수신장치 또는 중계장치까지 배관, 덕트 또는 트레이 시공 | |
| 공동주택 외 건축물<br>(연면적 합계 1,000㎡ 이상) | 1. 중계기 설치 장소를 적합하게 선정하여 시공<br><br>\| 설치 대상 \| 설치 장소 \|<br>\| 가. 「건축법 시행령」 제2조제17호에 따른 다중이용건축물(공동주택 제외) \| 각 지하층 및 각 지상층 \|<br>\| 나. 가목에 해당하지 않는 지하층이 있는 건축물(공중 지하도·터널·지하상가 및 지하주차장 등 지하건축물 포함) \| 각 지하층 \|<br><br>1) 건축물에서 기지국의 송수신장치 또는 중계장치의 설치 장소는 바닥면적의 합계 10,000㎡ 당 1개소 이상의 장소를 확보하도록 시공<br>2) 터널의 기지국 송수신장치 또는 중계장치는 터널 내부 또는 지상에 설치할 수 있도록 시공<br>3) 터널의 지상에 기지국 송수신장치 또는 중계장치를 설치하는 경우 접지시설 및 전원설비 등을 지상에 확보하도록 시공<br>4) 터널 길이에 따라 신호전달이 어려운 경우 2개 이상의 중계장치 설치하도록 시공<br>5) 복수 터널인 경우 각 터널 별 별도의 관로를 설치하고 지상에서 터널 내부로 관통할 때는 방수처리가 되도록 시공 | o 접지설비·구내통신설비·선로설비 및 통신공동구등에 대한 기술기준 [별표 7] 제1호 |

## 8. 도시철도시설 중계기 설치 장소

| 항목 | 도면번호 | 검사내용 | 검사결과 | 근거 |
|---|---|---|---|---|
| 도시철도시설 | | 중계기 설치장소는 기준에 적합한 장소에 시공 확인<br>1) 기지국의 송수신장치 또는 중계장치는 역사 및 역 시설에 2개소 이상, 승강장 양끝단에 각각 1개소 그리고 선로구간에서는 승강장 양 끝단으로부터 각 방향으로 250±20m 간격마다 설치 장소를 확보 시공<br>2) 통신실에 여유가 있는 경우에는 외부로부터 인입된 광케이블과 최초로 접속되는 기지국 송수신장치 또는 중계장치 시공 | | o 접지설비·구내통신설비·선로설비 및 통신공동구등에 대한 기술기준 [별표 7] 제3호 |

## ③ 방송 공동수신설비공사의 사용 전 검사

### 1. 방송 공동수신 안테나 시설(지상파TV, 위성방송, FM라디오방송, DMB방송설비)

#### (1) 안테나설비

| 항목 | 도면번호 | 검사내용 | 검사결과 | 근거 |
|---|---|---|---|---|
| 방송통신 기자재 설계 | | 방송통신기자재는 전파법의 적합인증 제품과 정부인증 규격품을 사용 하여 시공 | | o 전파법 제58조의2<br>o 방송 공동수신설비의 설치기준에 관한 고시 제10조, [별표 1] |
| 방송 주파수 전송방법 | | 방송 공동수신 안테나 시설은 수신안테나로부터 들어오는 방송의 신호를 주파수의 변환 없이 그대로 전송하여 시공<br>1) 지상파TV방송 주파수대역: 54~771 MHz<br>2) FM라디오방송 주파수대역: 88.1~107.9 MHz<br>3) 위성방송 주파수대역: 950~2150MHz<br>4) 이동멀티미디어방송 주파수대역(174~216MHz) | | |
| 방송 공동수신 안테나 | | 1. 수신안테나는 지상파텔레비전방송, 에프엠라디오방송, 이동멀티미디어방송 및 위성방송 신호를 잘 수신할 수 있도록 설계·제작하여야 하며, 기계적·화학적으로 내구성이 우수한 안테나를 시공<br>2. 공사 시방서에 수신안테나와 동축케이블의 접속부는 빗물이 침수되지 않는 구조로 시공<br>3. 수신안테나 설치 상세 설계도면대로 시공<br>4. 수신안테나는 모든 채널의 지상파텔레비전방송, 에프엠라디오방송, 이동멀티미디어방송 및 위성방송 신호를 수신할 수 있도록 안테나를 구성 시공<br>5. 둘 이상의 건축물이 하나의 단지를 구성하고 있는 경우에는 한조의 수신안테나를 설치하여 이를 공동으로 사용 시공<br>6. 수신안테나는 벼락으로부터 보호될 수 있도록 설치하되, 피뢰침과 1m 이상의 거리를 두어 시공<br>7. 수신안테나를 지지하는 구조물은 풍하중을 견딜 수 있도록 견고하게 시공<br>8. 풍하중의 산정에 관하여는 「건축물의 구조기준 등에 관한 규칙」 제9조를 준용하여 시공<br>9. 수신안테나 유지·보수 시 추락방지와 접근이 쉽도록 옥상 출입구에서 안테나위치까지 통로 가까운 곳에 시공 | | o 방송 공동수신설비의 설치기준에 관한 고시 제11조제3항, 제12조, 제13조 |

#### (2) 증폭기

| 항목 | 도면번호 | 검사내용 | 검사결과 | 근거 |
|---|---|---|---|---|
| 증폭기 | | 1. 증폭기는 수신안테나로부터 입력된 신호를 수신주파수대역별로 분리증폭한 후 이를 다시 혼합하여 출력하거나 전 대역을 광 대역으로 증폭하는 제품으로 시공<br>2. 증폭기는 다음의 기준에 맞게 시공<br>  1) 수동으로 출력신호의 세기를 조정<br>  2) 지상파텔레비전방송, 에프엠라디오방송, 이동멀티미디어방송 및 위성방송의 신호를 균일하게 증폭<br>  3) 케이블 또는 별도의 전력선으로부터 전원을 공급받을 수 있어야 하고, 공급되는 전원을 수동으로 연결하거나 차단 | | o 방송 공동수신설비의 설치기준에 관한 고시 제11조제3항, 제16조 |

## (3) 비상전원 설비

| 항목 | 도면번호 | 검사내용 | 검사결과 | 근거 |
|---|---|---|---|---|
| 비상전원 설비 | | 에프엠(FM)라디오 및 이동멀티미디어방송의 지하층 수신에 필요한 방송공동수신설비는 정전 시에도 항상 방송수신을 유지할 수 있도록 비상전원 공급이 가능한 회로를 구성하여 시공 | | o 방송 공동수신설비의 설치기준에 관한 고시 제4조 |

## (4) 세대별 단자함

| 항목 | 도면번호 | 검사내용 | 검사결과 | 근거 |
|---|---|---|---|---|
| 세대별 단자함 | | 1. 각 세대별 단자함에는 층 장치함으로부터 인입되는 지상파텔레비전방송, 에프엠라디오방송, 이동멀티미디어방송 및 위성방송과 종합유선방송을 각각 수신할 수 있도록 선로 시공<br>2. 그 선로에는 출력단자의 임피던스가 75Ω인 분배기 및 직렬단자를 시공. 다만, 각 세대별 단자함에는 중계기용 무선기기 제외 | | o 방송 공동수신설비의 설치기준에 관한 고시 제3조의2 |

## (5) 안전조건

| 항목 | 도면번호 | 검사내용 | 검사결과 | 근거 |
|---|---|---|---|---|
| 안전조건 | | 방송 공동수신설비에는 보호기를 설치하도록 설계를 하고 보호기의 성능 및 접지에 관하여는 「방송통신설비의 기술기준에 관한 규정」 제7조를 준용 시공 | | o 방송 공동수신설비의 설치기준에 관한 고시 제4조 |

## (6) 장치함 설치

| 항목 | 도면번호 | 검사내용 | 검사결과 | 근거 |
|---|---|---|---|---|
| 장치함 | | 1. 장치함은 방송 공동수신 안테나 케이블과 연결할 수 있도록 시공<br>2. 방송공동수신안테나 케이블의 분배·분기 또는 접속을 위하여 필요한 곳에 시공<br>3. 장치함의 내부에는 절연 보조 장치, 잠금장치 및 통풍구 시공<br>4. 장치함은 계단이나 복도 실내의 공용부분에 설계 하였는가?<br>5. 장치함의 크기는 증폭기, 분배기, 분기기, 보호기 및 케이블 등 필요한 설비를 수용할 수 있는 충분한 공간을 확보하여 시공<br>6. 증폭기·분배기 등 서로 간에 신호의 간섭이 없도록 시공<br>7. 장치함은 각 층(지하층 포함)에 설치되는 층 장치함과 접속할 수 있도록 시공 | | o 방송 공동수신설비의 설치기준에 관한 고시 제3조의2 |
| 층 장치함 | | 층 장치함은 각 세대별 단자함과 접속할 수 있도록 시공. 다만, 지하층에 설치되는 층 장치함의 선로에는 에프엠(FM)라디오 및 이동멀티미디어방송을 수신할 수 있는 중계기용 무선기기를 설치하되, 옥상 등의 수신안테나와 연결하도록 시공 | | o 방송 공동수신설비의 설치기준에 관한 고시 제3조의2 |

## (7) 분배기, 직렬단자 설치

| 항목 | 도면번호 | 검사내용 | | 검사결과 | 근거 |
|---|---|---|---|---|---|
| 분배기<br>분기기 | | 1. 지상파텔레비전방송, 에프엠라디오방송, 이동멀티미디어방송 및 위성방송 신호를 임피던스의 변화 없이 분배하거나 분기할 수 있도록 시공<br>2. 유휴분배단자와 유휴분기단자는 사용회선에 영향을 미치지 아니하도록 75Ω으로 종단 시공 | | | ○ 방송 공동수신설비의 설치기준에 관한 고시 제11조, 제17조, [별표 3] |
| 직렬단자<br>(75Ω)<br>출력 레벨 | | 아날로그채널(FM포함) | 55 ~ 85dBμV | | |
| | | 디지털 채널(8VSB) | 37 ~ 67dBμV | | |
| | | 초고화질 채널(OFDM, QAM) | 39 ~ 69dBμV | | |
| | | 이동멀티미디어방송채널 | 23 ~ 53dBμV | | |
| | | 디지털위성방송채널 | 36 ~ 66dBμV | | |

## (8) 구내배관의 설치

| 항목 | 도면번호 | 검사내용 | 검사결과 | 근거 |
|---|---|---|---|---|
| 구내배관 | | 1. 배관은 선로를 보호할 수 있고, 부식에 강한 금속관 또는 통신용 합성수지관을 시공<br>2. 배관의 안지름은 배관에 들어가는 케이블 단면적의 총합계가 배관 단면적의 32% 이하가 되도록 시공<br>3. 배관의 굴곡은 가능하면 완만하게 처리하여야 하고, 곡률반지름은 배관 안지름의 6배 이상으로 시공<br>4. 장치함부터 세대단자함까지 또는 장치함에서 다른 장치함까지 등 한 구간의 배관은 굴곡 부분은 3개소 이하로 하고, 1개소의 굴곡 각도는 직선상태의 배관이 꺾이는 각도가 90° 이하로 하며, 꺾인 각도의 합계는 180° 이하로 시공<br>5. 세대단자함부터 직렬단자까지의 배관은 성형배선이 가능한 구조로 시공<br>6. 세대단자함부터 직렬단자까지는 통신용 배관을 단독 또는 공동으로 사용하도록 시공<br>7. 건축물의 벽이나 바닥 안에 설치하는 증폭기와 분배기 등의 장치는 외부에서 교체하기 쉬운 장치함에 시공 | | ○ 방송 공동수신설비의 설치기준에 관한 고시 제7조 |

## (9) 구내배선의 설치

| 항목 | 도면번호 | 검사내용 | | | 검사결과 | 근거 |
|---|---|---|---|---|---|---|
| 광케이블 | | 광(光)케이블 성능 | | | | ○ 방송 공동수신설비의 설치기준에 관한 고시 제11조제3항, [별표 2] 제12호 |
| | | 광섬유 케이블 | 단일모드광섬유(SMF) | | | |
| | | 파장(nm) | 1,310 | 1,550 | | |
| | | 손실(dB/km) | 0.5 이하 | 0.4 이하 | | |
| | | 1) 광배선구간이 짧을 경우에는 광섬유의 크래딩에 가하는 광파워는 수신기에 과부하를 주지 아니하도록 시공<br>2) 공동주택(특등급)의 경우에는 전송데이터가 집중되는 구내 간선계는 단일모드 광섬유케이블(SMF) 시공(권장) | | | | |
| 커넥터 | | 1. 동축케이블의 커넥터 접속 상태가 양호하게 설치하여 시공<br>  1) 안테나와 연결한 커넥터의 접속 상태<br>  2) 증폭기와 연결한 커넥터의 접속 상태<br>  3) 분배기 및 분기기에 연결한 커넥터의 접속 상태<br>  4) 보호기에 연결한 커넥터의 접속 상태 | | | | ○ 방송 공동수신설비의 설치기준에 관한 고시 제12조, 제7조의2제3항 |

| 항목 | | 검사내용 | 검사결과 | 근거 |
|---|---|---|---|---|
| | | 5) 신호처리기에 연결한 커넥터의 접속 상태<br>6) 중계기용 무선기기에 연결한 커넥터의 접속 상태<br>7) 직렬단자에 연결한 커넥터의 접속 상태 | | |
| 구내배선 | | 1. 구내배선은 동축케이블 또는 광섬유케이블을 사용하고 성형 배선 (1:1 단독 배선) 시공<br>  1) 동일 실내에서는 직렬단자를 활용하여 분배 또는 분기할 수 있도록 시공<br>2. 방송 공동수신 안테나 시설 및 종합유선방송 구내전송선로 설비의 배선은 장치함까지 각각 단독으로 시공<br>3. 공동주택(세대 내에서 분기가 없는 기숙사 및 「주택법 시행령」 제3조제1항 제2호의 규정에 따른 원룸형 주택의 모든 요건을 갖춘 주택은 제외한다)인 경우에는 세대단자함까지 따로 설계하고, 세대 내는 성형배선으로 시공<br>4. 동일 실내에서 방송공동수신 안테나 시설과 종합유선방송 구내전송선로설비의 이용이 동시에 가능하도록 세대단자함 부터 직렬단자까지 각각 배선 시공<br>5. 구내배선 상호간 또는 그 밖의 사용설비와 접속할 때에는 접속구(커넥터)를 시공<br>6. 선로는 전력선간 상호 영향을 받지 않도록 시공 | | o 방송 공동수신설비의 설치기준에 관한 고시 제7조의2 |

## 2. 종합유선방송설비

| 항목 | 도면번호 | 검사내용 | 검사결과 | 근거 |
|---|---|---|---|---|
| 전송선로구간 | | 종합유선방송 구내전송선로설비는 도로와 택지 또는 건축물의 경계점으로부터 세대단자함까지로 시공 | | o 방송 공동수신설비의 설치기준에 관한 고시 제23조 |
| 증폭기 | | 1. 증폭기 시공<br>  1) 케이블의 특성에 의하여 자연적으로 감쇄된 상향신호 및 하향신호를 분리하여 증폭하는 기능<br>  2) 수동으로 증폭기능을 조정 기능<br>  3) 등화기 및 감쇄기로 입력레벨을 등화 또는 감쇄기능<br>  4) 전원을 수동으로 연결 또는 차단할 수 있어야 하며 접지 단자를 구비 | | o 방송 공동수신설비의 설치기준에 관한 고시 제25조 |
| 분배기 및 분기기 | | 1. 분배기와 분기기 시공<br>  1) 신호를 임피던스의 변화 없이 분배하거나 분기 기능<br>  2) 유휴분배단자와 유휴분기단자는 사용회선에 영향을 미치지 아니하도록 75Ω으로 종단할 것 | | o 방송 공동수신설비의 설치기준에 관한 고시 제26조 |
| 인입접속점 | | 종합유선방송사업자 또는 전송망사업자가 설치한 전송선로설비를 구내전송선로설비와 연결하기 위한 접속점은 구내전송선로설비중 보호기의 인입커넥터로 시공 | | o 방송 공동수신설비의 설치기준에 관한 고시 제28조 |
| 구내전송선로 설비의 질적수준 | | 디지털종합유선방송신호의 신호를 전송하기 위한 구내전송선로설비의 질적 수준은 다음 표에 적합한 시공<br>- 종합유선방송 구내전송 선로설비의 질적수준(제30조 관련)<br><br>| 주파수범위 | | | 54~1,002MHz |<br>|---|---|---|---|<br>| 출력레벨 (75Ω 연결 시) | 아날로그채널 | | 55~85dBμV |<br>| | 디지털 채널 | 8VSB | 37~67dBμV |<br>| | | QPSK | 29~59dBμV |<br>| | | 64QAM | 35~65dBμV |<br>| | | 256QAM | 42~72dBμV |<br>| 채널 간의 레벨차 (동일 변조 방식) | 인접사용 채널 간 | | 5dB이내 | | | o 방송 공동수신설비의 설치기준에 관한 고시 제30조, [별표 6] |

## 붙임4. 정보통신공사 사용 전 검사 점검 항목(예시)

| | | | | | |
|---|---|---|---|---|---|
| | | 아날로그채널 | | 40dB 이상 | |
| | 신호대 잡음비(S/N 비) | 디지털 채널 | 8VSB | 22dB 이상 | |
| | | | QPSK | 14dB 이상 | |
| | | | 64QAM | 20dB 이상 | |
| | | | 256QAM | 27dB 이상 | |
| | 비고 : 기준 값은 댁내 직렬단자에서의 질적수준이고 측정 항목 중 출력레벨은 채널전력을 말한다. | | | | |

본 해설서는 과학기술정보통신부 및 정보통신기술진흥센터의 정보통신·방송 연구개발 사업의 일환으로 제작되었음(방송통신설비의 기술기준 연구, 수행기관: 한국전자통신연구원).

**정보통신공사
착공 전 설계도 확인 및
사용 전 검사 기준 해설**

초판 인쇄 2019년 02월 11일
초판 발행 2019년 02월 19일

저   자 과학기술정보통신부, 국립전파연구원
발행인 김갑용

발행처 진한엠앤비
주소 서울시 서대문구 독립문로 14길 66 205호(냉천동 260)
전화 02) 364 - 8491(대) / 팩스 02) 319 - 3537
홈페이지주소 http://www.jinhanbook.co.kr
등록번호 제25100-2016-000019호 (등록일자 : 1993년 05월 25일)
ⓒ2019 jinhan M&B INC, Printed in Korea

ISBN 979-11-290-1018-6   (93560)      [정가 25,000원]

☞ 이 책에 담긴 내용의 무단 전재 및 복제 행위를 금합니다.
☞ 잘못 만들어진 책자는 구입처에서 교환해 드립니다.
☞ 본 도서는 [공공데이터 제공 및 이용 활성화에 관한 법률]을 근거로 출판되었습니다.